U0382857

科学出版社"十三五"普通高等教育本科规划教材

应用数学分析基础(第四册)
数学模型及其求解问题

主　编　于光磊

科学出版社
北京

内 容 简 介

应用数学分析基础是在重庆大学"高等数学"课程教材体系改革试点工作配套讲义的基础上历经 20 多年修订而成的. 与传统高等数学教材相比, 本书不仅注重让学生理解、掌握高等数学的内容, 同时也强调培养学生实事求是的科学态度、严谨踏实的科学作风和追根究底的科学精神.

全书共分四册, 本册为数学模型及其求解问题, 内容包括场论、数学模型及其求解问题、有限维逼近与无穷级数三章, 各节均配有习题, 书末附有部分习题答案与提示.

本书可供普通高等院校工科各专业学生作为教材使用, 也可供相关科技人员作为参考资料使用.

图书在版编目（CIP）数据

应用数学分析基础. 第四册, 数学模型及其求解问题 / 于光磊主编. —北京：科学出版社，2020.8
科学出版社"十三五"普通高等教育本科规划教材
ISBN 978-7-03-065860-9

Ⅰ. ①应… Ⅱ. ①于… Ⅲ. ①数学模型-高等学校-教材 Ⅳ. ①O17

中国版本图书馆 CIP 数据核字（2020）第 153316 号

责任编辑：王胡权 姚莉丽 李 萍 / 责任校对：杨聪敏
责任印制：张 伟 / 封面设计：陈 敬

科 学 出 版 社 出版
北京东黄城根北街 16 号
邮政编码：100717
http://www.sciencep.com
北京中石油彩色印刷有限责任公司 印刷
科学出版社发行 各地新华书店经销
*
2020 年 8 月第 一 版 开本：720×1000 1/16
2020 年 8 月第一次印刷 印张：9 3/4
字数：204 000
定价：35.00 元
（如有印装质量问题，我社负责调换）

前　言

　　高等数学的教学是大学教育十分重要的组成部分，是大部分专业必修的先期课程. 虽然当下已有很多不同的高等数学教材，但经过多年高等数学的教学工作，我们仍然感到，关于高等数学的教材，应该做一些新的努力.

　　我们认为: 教育是通过授业、解惑、传道来塑造人的，从而使受教育者获得服务社会的愿望与能力，并具备尽可能完整的人格. 授业是指使受教育者获得服务社会的技术与技巧(而不是增强与他人竞争的能力); 解惑是指启发受教育者发现新事物并追究事物的真相(而不仅仅是理解前人对事物的认知); 传道是指使受教育者理解自然的法则、社会的法则、生命的真谛、做人的道理及如何才能拥有一个幸福的人生. 孟子在《大学》的开篇就说: "大学之道，在明明德，在亲民，在止于至善." "明明德"就是具有光明正大的品德，"止于至善"就是具有完整的人格. "古之欲明明德于天下者，先治其国; 欲治其国者，先齐其家; 欲齐其家者，先修其身; 欲修其身者，先正其心; 欲正其心者，先诚其意; 欲诚其意者，先致其知，致知在格物." 简单地说，就是: 格物以致知，致知后心正，心正才能修身，从而完善自己的人格.

　　我们认为: 授业、解惑、传道三者之间是相互关联的，而其中的关键在于解惑. 科学的任务就是发现新事物并追究事物的真相，即解惑，是授业、传道的基础. 科学教育的任务则是让受教育者了解前人对事物真相的认知，并培养其实事求是的科学态度、严谨踏实的科学作风、追根究底的科学精神，使其在前人的基础上能够不断创新. 科学态度、科学作风、科学精神三者之间相互影响、相互促进，它们的培养可以让受教育者养成终身学习、向一切事物学习的习惯，既读有字之书，也读无处不在的无字之"书"，从而形成科学的世界观、人生观及价值观，对事物有真知灼见，不被假象迷惑、不为谣言左右. 所以通过科学的学习培养起学习者实事求是的科学态度、严谨踏实的科学作风、追根究底的科学精神比学习知识本身更加重要.

　　高斯说过: "数学是科学的皇后. " 众所周知，数学是其他科学的基础，而且高等数学是大多数大学生都必须学习的课程，从这个意义上说高等数学的教育最能够实现"授业、解惑、传道"的目标. 至少，编者作为数学教育工作者的看法是这样的.

　　高等数学作为应用数学的基础, 首先要培养的是学习者掌握数学作为科学语言的功能, 即微积分学, 这是这套《应用数学分析基础》教材第一册到第三册的内容. 同时我们也希望在这套《应用数学分析基础》教材里展示数学解决实际问题的整个过程, 所以在第四册里介绍了数学模型及数学模型的求解问题.

　　第一册主要内容为一元函数微分学, 首先介绍研究的对象——函数, 然后介绍研究函数的主要工具——极限理论, 最后利用极限理论来研究函数的性质, 即一元函数的微分学.

　　第二册研究如何表达及计算分布在一个闭区间上的量, 即一元函数积分学的内容. 另外研究了利用一元函数的微分学建立数学模型并求解的一些例题, 即常微分方程的内容.

　　第三册为多元函数微积分学, 前半部分利用多元函数的极限理论来研究多元函数的性质, 即多元函数的微分学. 后半部分研究如何表达及计算分布在比闭区间更复杂的几何体上的量, 即多元函数的积分学.

　　第四册包括场论、建立数学模型的基本原理、建模的过程、数学模型解的存在范围及求解数学模型的基本思想和方法.

　　我们编写这套《应用数学分析基础》, 作为高等数学的教材, 是希望实现以下目标的一种尝试.

　　1. 强调培养学生实事求是的科学态度、严谨踏实的科学作风、追根究底的科学精神, 使学生更好地掌握数学知识, 扩大视野, 进而影响其世界观、人生观、价值观, 真正使数学教育达到育人的目的.

　　2. 希望学生通过这套教材的学习, 能够了解数学学科在科学研究中的地位、"高等数学"在数学学科中的地位, 了解他们现在学习"高等数学"对今后的学习及工作有极其重要的意义. 让教材与现代数学内容有更好的连接, 使学生有更加广阔的科学视野.

　　3. 在编写教材的过程中不追求对每一个概念都有严格的定义, 也不追求对每个定理的严格证明, 但对没有严格定义的概念要有交代, 对没有严格证明的定理要指出, 使学生尽量避免"理所当然"的惯性思维, 培养他们追根究底的科学精神. 对于没有证明的定理和没有解决的问题, 适当地介绍相关的书籍, 给对自己有更高要求的学生以引导.

　　4. 让学生了解数学科学的功能在科学研究中实现的过程, 使学生在以后的工作中敢用数学、会用数学.

　　5. 将几何、代数、分析学尽量统一起来编写, 让学生更好地了解不同数学分支之间的内在联系, 加深他们对数学概念的理解, 提高教学效率.

　　由于编者水平有限，加之时间仓促，不当及疏漏之处在所难免，恳请同行及读者不吝赐教！

编　者

2019 年 3 月于重庆大学

目　　录

第十章 场　　论

　　场论的内容(包括第二型曲线积分和第二型曲面积分)具有鲜明的物理、力学背景, 是自然规律与数学连接完美的体现, 也是这些专业及相关领域研究与应用中建立数学模型常用的工具, 所以我们将场论的内容放到了本册"数学模型及其求解问题"内. 另外, 对于那些需要学习"高等数学"课程但并不需要学习场论的专业, 只要学习前面三册就可以了.

第一节　第二型曲线积分

一、场的概念

　　场本来是一个物理学概念, 若一个区域中每个点都分布了某个物理量, 则此区域及此物理量统称为一个**场**, 如温度场、密度场、引力场、电场、磁场等. 如果物理量是标量, 则称为**标量场**; 如果物理量是矢量, 则称为**矢量(或向量)场**. 若形成场的物理量不随时间变化, 则此场称为**定常场**; 如果物理量还随时间变化, 则此场称为**不定常场**. 在实际问题中, 一般的场都是不定常的场, 但为了研究方便, 可以把在一段时间内物理量变化很小的场近似地看作定常场. 需要指出的是, 由场的定义可以看出, 场中的物理量是连续分布的, 但有的物理量如质量等从严格意义上说在空间中并不是连续分布的. 比如在讨论流体的运动状态时, 我们说流体的**质量场**认为流体是连续分布在相关的区域中的, 但实际上不论一般的气体还是液体, 都是由分子构成的, 一般分子的直径大概是 3×10^{-8}cm. 以空气而言, 在标准状态下, 每一立方厘米中的分子个数大约是 2.7×10^{19}, 也就是说, 分子与分子之间的平均距离大约是 3×10^{-7}cm. 所以若以这种距离为典型长度, 空气自然就不是连续分布的, 但如果以 10^{-3}cm 甚至 10^{-4}cm 的尺度来看, 在一个单位体积内已有千千万万个分子, 任何时候取出一单位体积, 其分子总数与其平均数不会相差多大. 在这种意义上, 我们可以近似(但合理)地认为流体是连续分布在相关区域内的, 所以认为流体内有**质量场和流速场**.

　　若一个场分布在平面区域内, 则称此场为**平面场**或**二维场**, 一般用二元二维向量值函数 $\boldsymbol{F}(x,y)=(P(x,y),Q(x,y))$ 表示; 若一个场分布在三维区域内, 则称此场为**三维场**, 一般用三元三维向量值函数 $\boldsymbol{F}(x,y,z)=(P(x,y,z),Q(x,y,z),R(x,y,z))$

表示. 从数学形式上看, 一个二维向量场就是一个二元二维向量值函数 $\boldsymbol{F}(x,y)=(P(x,y),Q(x,y))$, 一个三维场就是一个三元三维向量值函数 $\boldsymbol{F}(x,y,z)=(P(x,y,z),Q(x,y,z),R(x,y,z))$, 所以在数学上我们称一个平面区域上的二元二维向量值函数 $\boldsymbol{F}=(P(x,y),Q(x,y))$ 为一个二维场; 一个三维区域上的三元三维向量值函数 $\boldsymbol{F}=(P(x,y,z),Q(x,y,z),R(x,y,z))$ 为一个三维场. 显然这里的场都是定常向量场.

二、变力沿曲线做功的计算问题

某些物理向量场(电场、磁场等)会对特定的物体产生作用力使物体运动从而做功. 由于物体可能沿曲线运动且在不同位置时所受到的作用力的大小、方向都不相同, 所以在计算场对物体所做的功时并不能按照**功等于力与位移的数量积**的公式来计算. 为了解决这一问题, 先来计算功的近似值.

设场对物体产生的力为 $\boldsymbol{F}$ ($\boldsymbol{F}$ 可为二维场也可为三维场), 物体沿有限长度的

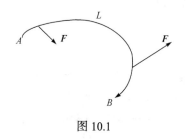

图 10.1

光滑曲线 L 运动. 由于力对物体做功与物体运动的方向有关, 所以这里的曲线都是有起点和终点的, 称这样的曲线为**有向曲线**, 如图 10.1 所示. 下面分三步来研究 $\boldsymbol{F}$ 沿曲线 L 所做功的计算问题.

(1) 在曲线 L 上依从起点 A 到终点 B 的顺序插入 $n-1$ 个点 $\boldsymbol{r}_i(i=1,\cdots,n-1)$, 称为对有向曲线 L 的一个**分割**. A,B 的向径分别记为 $\boldsymbol{r}_0,\boldsymbol{r}_n$, $\Delta\boldsymbol{r}_i=\boldsymbol{r}_i-\boldsymbol{r}_{i-1}$.

(2) 以 $\Delta\boldsymbol{r}_i$ 作为沿 L 从 $\boldsymbol{r}_{i-1}$ 到 $\boldsymbol{r}_i$ 的近似位移, 在 L 上介于 $\boldsymbol{r}_{i-1}$ 到 $\boldsymbol{r}_i$ 之间任选一点 $\boldsymbol{\xi}_i$, 以 $\boldsymbol{\xi}_i$ 处的力 $\boldsymbol{F}(\boldsymbol{\xi}_i)$ 作为在 $\boldsymbol{r}_{i-1}$ 到 $\boldsymbol{r}_i$ 之间的近似平均力, 则得到从 $\boldsymbol{r}_{i-1}$ 到 $\boldsymbol{r}_i$ 的功的近似值为 $\boldsymbol{F}(\boldsymbol{\xi}_i)\cdot\Delta\boldsymbol{r}_i$, 得到从起点 A 到终点 B 所做功的近似值 $\sum_{i=1}^{n}\boldsymbol{F}(\boldsymbol{\xi}_i)\cdot\Delta\boldsymbol{r}_i$, 此和式称为 $\boldsymbol{F}$ 沿 L 关于分割 Δ 的一个**黎曼和**.

(3) 求所做功的精确值: 场 $\boldsymbol{F}$ 沿 L 所做的功 W 如果是存在的, 则当分割 Δ 的直径 λ_Δ 越来越小, 即 $\lambda_\Delta\to 0$ 时, 应有 $\sum_{i=1}^{n}\boldsymbol{F}(\boldsymbol{\xi}_i)\cdot\Delta\boldsymbol{r}_i$ 到 W 越来越接近, 即应有 $\sum_{i=1}^{n}\boldsymbol{F}(\boldsymbol{\xi}_i)\cdot\Delta\boldsymbol{r}_i\to W$, 也就是说 W 应为黎曼和 $\sum_{i=1}^{n}\boldsymbol{F}(\boldsymbol{\xi}_i)\cdot\Delta\boldsymbol{r}_i$ 的"极限".

三、向量场的黎曼和及其极限问题

前面在讨论变力沿曲线做功的问题时其中的曲线是要规定其起点和终点的, 我们称有起点和终点的曲线为**有向曲线**.

对于空间(一般指二维或三维空间)中区域 Ω 上的数学意义上的场 $\boldsymbol{F}$ 及其中

的一条有向曲线 L，我们可以进行前面在研究向量场 $\boldsymbol{F}$ 做功的问题时同样的三个步骤：

(1) 对曲线 L 施以分割 Δ (其直径为 λ_Δ).

(2) 构造黎曼和 $\sum\limits_{i=1}^{n}\boldsymbol{F}(\boldsymbol{\xi}_i)\cdot\Delta\boldsymbol{r}_i$.

(3) 考察当分割 Δ 的直径 λ_Δ 越来越小时，黎曼和 $\sum\limits_{i=1}^{n}\boldsymbol{F}(\boldsymbol{\xi}_i)\cdot\Delta\boldsymbol{r}_i$ 是否越来越逼近一个常数 A，即黎曼和 $\sum\limits_{i=1}^{n}\boldsymbol{F}(\boldsymbol{\xi}_i)\cdot\Delta\boldsymbol{r}_i$ 是否存在一个所谓的"极限"？

四、第二型曲线积分的概念

定义 1.1 (第二型曲线积分)　设 $\boldsymbol{F}$ 是区域 Ω 上的一个场，L 为 Ω 中的一条有向曲线.

(1) 在曲线 L 上依从起点 A 到终点 B 的顺序插入 $n-1$ 个点 $\boldsymbol{r}_i(i=1,\cdots,n-1)$，称为对有向曲线 L 的一个**分割**. A,B 的向径分别记为 $\boldsymbol{r}_0,\boldsymbol{r}_n$，$\Delta\boldsymbol{r}_i=\boldsymbol{r}_i-\boldsymbol{r}_{i-1}$.

(2) 在 L 上介于 $\boldsymbol{r}_{i-1}$ 到 $\boldsymbol{r}_i$ 之间任选一点 $\boldsymbol{\xi}_i$，构造和式 $\sum\limits_{i=1}^{n}\boldsymbol{F}(\boldsymbol{\xi}_i)\cdot\Delta\boldsymbol{r}_i$，称为 $\boldsymbol{F}$ 沿 L 关于分割 Δ 的一个**黎曼和**.

(3) 若对任意的 $\varepsilon>0$，都存在 $\delta>0$，只要 $\lambda_\Delta>0$，就有 $\left|\sum\limits_{i=1}^{n}\boldsymbol{F}(\boldsymbol{\xi}_i)\cdot\Delta\boldsymbol{r}_i-A\right|<\varepsilon$，则称 A 为 $\boldsymbol{F}$ 在 L 上的**第二型曲线积分**，记为 $\int_L\boldsymbol{F}(\boldsymbol{r})\cdot\mathrm{d}\boldsymbol{r}$. 称 L 为积分曲线，$\boldsymbol{F}(\boldsymbol{r})$ 为被积函数，$\boldsymbol{F}(\boldsymbol{r})\cdot\mathrm{d}\boldsymbol{r}$ 为被积表达式，称 $\boldsymbol{F}(\boldsymbol{r})$ 沿 L 是**可积分的**.

A 也称为黎曼和 $\sum\limits_{i=1}^{n}\boldsymbol{F}(\boldsymbol{\xi}_i)\cdot\Delta\boldsymbol{r}_i$ 的**极限**，可以证明，作为一种极限，黎曼和 $\sum\limits_{i=1}^{n}\boldsymbol{F}(\boldsymbol{\xi}_i)\cdot\Delta\boldsymbol{r}_i$ 的极限也具有类似函数极限的运算律和性质，比如唯一性、保号性等. 由定义可知，$\int_L\boldsymbol{F}(\boldsymbol{r})\cdot\mathrm{d}\boldsymbol{r}$ 的物理意义是力 $\boldsymbol{F}$ 沿曲线 L 所做的功.

对于二维场 $\boldsymbol{F}(x,y)=(P(x,y),Q(x,y))$，有

$$\int_L\boldsymbol{F}(\boldsymbol{r})\cdot\mathrm{d}\boldsymbol{r}=\int_L(P(x,y),Q(x,y))\cdot\mathrm{d}(x,y)=\int_L P(x,y)\mathrm{d}x+Q(x,y)\mathrm{d}y. \quad (1.1)$$

对于三维场 $\boldsymbol{F}(x,y,z)=(P(x,y,z),Q(x,y,z),R(x,y,z))$，有

$$\int_L\boldsymbol{F}(\boldsymbol{r})\cdot\mathrm{d}\boldsymbol{r}=\int_L(P(x,y,z),Q(x,y,z),R(x,y,z))\cdot\mathrm{d}(x,y,z)$$
$$=\int_L P(x,y,z)\mathrm{d}x+Q(x,y,z)\mathrm{d}y+R(x,y,z)\mathrm{d}z. \quad (1.2)$$

所以有时候也称第二型曲线积分为**对坐标的积分**. 当曲线 L 是封闭曲线时,
$\int_L \boldsymbol{F}(\boldsymbol{r}) \cdot \mathrm{d}\boldsymbol{r}$ 记为 $\oint_L \boldsymbol{F}(\boldsymbol{r}) \cdot \mathrm{d}\boldsymbol{r}$.

五、第二型曲线积分的性质与可积性条件

由第二型曲线积分的定义可以证明第二型曲线积分有以下的性质.

定理 1.1 (第二型曲线积分的性质)

(1) 设 $-L$ 为与 L 方向相反的曲线, $\boldsymbol{F}$ 沿 L 可积分, 则
$$\int_{-L} \boldsymbol{F}(\boldsymbol{r}) \cdot \mathrm{d}\boldsymbol{r} = -\int_L \boldsymbol{F}(\boldsymbol{r}) \cdot \mathrm{d}\boldsymbol{r} ;$$

(2) 设 $\boldsymbol{F}$ 沿 L 可积分, k 为任意常数, 则 $\int_L k\boldsymbol{F}(\boldsymbol{r}) \cdot \mathrm{d}\boldsymbol{r} = k\int_L \boldsymbol{F}(\boldsymbol{r}) \cdot \mathrm{d}\boldsymbol{r} ;$

(3) 设 $\boldsymbol{F}$ 和 $\boldsymbol{G}$ 沿 L 都是可积分的, 则 $\boldsymbol{F} \pm \boldsymbol{G}$ 沿 L 也是可积分的, 且
$$\int_L [\boldsymbol{F}(\boldsymbol{r}) \pm \boldsymbol{G}(\boldsymbol{r})] \cdot \mathrm{d}\boldsymbol{r} = \int_L \boldsymbol{F}(\boldsymbol{r}) \cdot \mathrm{d}\boldsymbol{r} \pm \int_L \boldsymbol{G}(\boldsymbol{r}) \cdot \mathrm{d}\boldsymbol{r} ;$$

(4) 设曲线 L_1 与 L_2 首尾相接, 且 $L = L_1 + L_2$, $\boldsymbol{F}$ 沿 L_1 及 L_2 均可积, 则
$$\int_L \boldsymbol{F}(\boldsymbol{r}) \cdot \mathrm{d}\boldsymbol{r} = \int_{L_1} \boldsymbol{F}(\boldsymbol{r}) \cdot \mathrm{d}\boldsymbol{r} + \int_{L_2} \boldsymbol{F}(\boldsymbol{r}) \cdot \mathrm{d}\boldsymbol{r} .$$

性质(2), (3)合称为第二型曲线积分的**线性性**, 性质(3)称为**对被积函数的可加性**, 性质(4)称为**对积分区域的可加性**.

定理 1.2 (可积性条件)　$\boldsymbol{F}$ 是连续的且 L 为光滑曲线, 则 $\boldsymbol{F}$ 沿曲线 L 是可积的, 又由对积分区域的可加性知, 只要 $\boldsymbol{F}$ 是连续的且 L 为分段光滑曲线, 则 $\boldsymbol{F}$ 沿曲线 L 是可积的.

以上性质及可积性条件读者可利用积分的定义自行证明.

六、第二型曲线积分的计算与两类曲线积分之间的关系

设曲线 L 为一条光滑的有向曲线, 其参数方程为 $\boldsymbol{r} = \boldsymbol{r}(t)$, 参数 t 介于 α, β 之间, α, β 分别为曲线的起点和终点对应的参数. 由于积分是在曲线 L 上进行的, 所以积分里的点满足曲线的方程, 此时 $\int_L \boldsymbol{F}(\boldsymbol{r}) \cdot \mathrm{d}\boldsymbol{r}$ 的被积表达式为
$$\boldsymbol{F}(\boldsymbol{r}) \cdot \mathrm{d}\boldsymbol{r} = \boldsymbol{F}(\boldsymbol{r}(t)) \cdot \mathrm{d}\boldsymbol{r}(t) = \boldsymbol{F}(\boldsymbol{r}(t)) \cdot \boldsymbol{r}'(t)\mathrm{d}t ,$$
被积表达式 $\boldsymbol{F}(\boldsymbol{r}(t)) \cdot \boldsymbol{r}'(t)\mathrm{d}t$ 里的变量 t 的变化范围为从 α 到 β, 所以
$$\int_L \boldsymbol{F}(\boldsymbol{r}) \cdot \mathrm{d}\boldsymbol{r} = \int_\alpha^\beta \boldsymbol{F}(\boldsymbol{r}(t)) \cdot \boldsymbol{r}'(t)\mathrm{d}t$$
为一个定积分, 其积分下限为曲线 L 的起点对应的参数, 积分上限为曲线 L 的终点对应的参数.

对于二维场 $\boldsymbol{F}(x, y) = (P(x, y), Q(x, y))$, 有

$$\int_L \boldsymbol{F}(\boldsymbol{r}) \cdot \mathrm{d}\boldsymbol{r} = \int_\alpha^\beta \boldsymbol{F}(\boldsymbol{r}(t)) \cdot \boldsymbol{r}'(t)\mathrm{d}t$$

$$= \int_\alpha^\beta [P(x(t), y(t))x'(t) + Q(x(t), y(t))y'(t)]\mathrm{d}t. \tag{1.3}$$

对于三维场 $\boldsymbol{F}(x, y, z) = (P(x, y, z), Q(x, y, z), R(x, y, z))$，有

$$\int_L \boldsymbol{F}(\boldsymbol{r}) \cdot \mathrm{d}\boldsymbol{r} = \int_\alpha^\beta \boldsymbol{F}(\boldsymbol{r}(t)) \cdot \boldsymbol{r}'(t)\mathrm{d}t$$

$$= \int_\alpha^\beta [P(x(t), y(t), z(t))x'(t) + Q(x(t), y(t), z(t))y'(t) + R(x(t), y(t), z(t))z'(t)]\mathrm{d}t.$$

$$\tag{1.4}$$

注 公式(1.3), (1.4)成立的条件之一是曲线 L 是光滑的, 若 L 只是分段光滑的, 则在计算积分时需要将曲线分割为若干个光滑曲线段, 在每一段上利用公式(1.3), (1.4)进行计算, 再利用积分对积分区域的可加性得到积分的值.

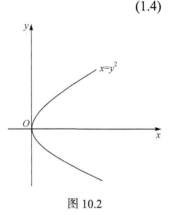

图 10.2

例 1.1 计算 $\int_L xy\mathrm{d}x$，其中 L 为抛物线 $x = y^2$ 上从点 $A(1, -1)$ 到点 $B(1, 1)$ 的一段弧, 如图 10.2 所示.

解 以 y 为参数. L 的方程为 $x = y^2$，参数 y 从 -1 变到 1. 因此

$$\int_L xy\mathrm{d}x = \int_{-1}^1 y^2 y(y^2)'\mathrm{d}y = 2\int_{-1}^1 y^4\mathrm{d}y = \frac{4}{5}.$$

例 1.2 计算积分 $\int_L y^2\mathrm{d}x$，其中:

(1) L 为按逆时针方向绕行的上半圆周 $x^2 + y^2 = a^2$；

(2) 从点 $A(a, 0)$ 沿 x 轴到点 $B(-a, 0)$ 的直线段.

解 (1) L 的参数方程为 $x = a\cos\theta, y = a\sin\theta$，$\theta$ 从 0 变到 π. 因此

$$\int_L y^2\mathrm{d}x = \int_0^\pi a^2\sin^2\theta(-a\sin\theta)\mathrm{d}\theta = a^3\int_0^\pi (1 - \cos^2\theta)\mathrm{d}\cos\theta = -\frac{4}{3}a^3.$$

(2) L 的参数方程为 $y = 0$，x 从 a 变到 $-a$，因此

$$\int_L y^2\mathrm{d}x = \int_a^{-a} 0\mathrm{d}x = 0.$$

例 1.3 计算 $\int_L 2xy\mathrm{d}x + x^2\mathrm{d}y$，其中 L 分别为

(1) 抛物线 $y = x^2$ 上从 $O(0, 0)$ 到 $B(1, 1)$ 的一段弧；

(2) 抛物线 $x = y^2$ 上从 $O(0, 0)$ 到 $B(1, 1)$ 的一段弧；

(3) 从 $O(0,0)$ 到 $A(1,0)$, 再到 $B(1,1)$ 的有向折线 OAB.

解 (1) L 的参数方程为 $y=x^2$, 参数 x 从 0 变到 1, 所以

$$\int_L 2xy\mathrm{d}x + x^2\mathrm{d}y = \int_0^1 (2x\cdot x^2 + x^2\cdot 2x)\mathrm{d}x = 4\int_0^1 x^3\mathrm{d}x = 1.$$

(2) L 的参数方程为 $x=y^2$, 参数 y 从 0 变到 1, 所以

$$\int_L 2xy\mathrm{d}x + x^2\mathrm{d}y = \int_0^1 (2y^2\cdot y\cdot 2y + y^4)\mathrm{d}y = 5\int_0^1 y^4\mathrm{d}y = 1.$$

(3) 曲线 L 分为 OA, AB 两段, OA 段以 x 为参数, 从 0 变到 1; AB 段以 y 为参数, 从 0 变到 1. 所以

$$\int_L 2xy\mathrm{d}x + x^2\mathrm{d}y = \int_{OA} 2xy\mathrm{d}x + x^2\mathrm{d}y + \int_{AB} 2xy\mathrm{d}x + x^2\mathrm{d}y$$
$$= \int_0^1 (2x\cdot 0 + x^2\cdot 0)\mathrm{d}x + \int_0^1 (2y\cdot 0 + 1)\mathrm{d}y = 0+1=1.$$

例 1.4 计算 $I = \int_\Gamma x^3\mathrm{d}x + 3zy^2\mathrm{d}y - x^2 y\mathrm{d}z$, 其中 Γ 是从点 $A(3,2,1)$ 到点 $B(0,0,0)$ 的直线段 AB.

解 直线 AB 的参数方程为 $x=3t, y=2t, z=t$, t 从 1 变到 0, 所以

$$I = \int_1^0 [(3t)^3\cdot 3 + 3t(2t)^2\cdot 2 - (3t)^2\cdot 2t]\mathrm{d}t = 87\int_1^0 t^3\mathrm{d}t = -\frac{87}{4}.$$

例 1.5 一个质点在力 $\boldsymbol{F}$ 的作用下从点 $A(a,0)$ 沿椭圆 $\frac{x^2}{a^2}+\frac{y^2}{b^2}=1$ 按逆时针方向移动到点 $B(0,b)$, $\boldsymbol{F}$ 的大小与质点到原点的距离成正比, 方向恒指向原点, 求力 $\boldsymbol{F}$ 所做的功 W.

解 记质点运动的路径为 L, 则 L 的参数方程为 $x=a\cos\theta, y=b\sin\theta$, t 从 0 变到 $\frac{\pi}{2}$, 质点所受到的力为

$$\boldsymbol{F} = k\cdot|\boldsymbol{r}|\cdot\left(-\frac{\boldsymbol{r}}{|\boldsymbol{r}|}\right) = -k(x,y),$$

其中 $k>0$ 是比例常数. 于是

$$W = \int_L \boldsymbol{F}\cdot\mathrm{d}\boldsymbol{r} = -k\int_L x\mathrm{d}x + y\mathrm{d}y$$
$$= -k\int_0^{\frac{\pi}{2}} (-a^2\cos t\sin t + b^2\sin t\cos t)\mathrm{d}t$$
$$= k(a^2-b^2)\int_0^{\frac{\pi}{2}} \sin t\cos t\,\mathrm{d}t = \frac{k}{2}(a^2-b^2).$$

现在来考察两类曲线积分之间的关系. 设 L 是光滑曲线, 其参数方程 $\boldsymbol{r}=\boldsymbol{r}(t)$

(t 介于 α 与 β 之间), 且 $r'(t) \neq 0$, 则有

$$\int_L F(r) \cdot dr = \int_L F(r(t)) \cdot r'(t)dt$$

$$= \int_L F(r(t)) \cdot \frac{r'(t)}{|r'(t)|}|r'(t)|dt$$

$$= \int_L F(r) \cdot \tau(r)dL \quad \left(\tau(r) = \frac{r'(t)}{|r'(t)|}\right)$$

$$= \int_L f(r)dL \quad (f(r) = F(r) \cdot \tau(r)). \tag{1.5}$$

(1.5)式的右端积分为一个第一型曲线积分, 上式也是将第二型曲线积分转化为第一型曲线积分的过程, 其中的 $\tau(r)$ 是曲线沿切线方向上的单位向量.

习 题 10.1

1. 计算 $\int_L xydx$, 其中 L 为抛物线 $y^2 = x$ 上从点 $A(1,-1)$ 到点 $B(1,1)$ 的一段弧.

2. 计算 $\int_L x^3dx + 3zy^2dy - x^2ydz$, 其中 L 是从点 $A(0,0,0)$ 到点 $B(1,1,1)$ 的直线段 AB.

3. 计算 $\int_L xdx + ydy + (x+y-1)dz$, 其中 L 是从点 $A(1,1,1)$ 到点 $B(2,3,4)$ 的一段直线.

4. 计算 $\int_L (2a-y)dx - (a-y)dy$, 其中 L 为摆线 $x = a(t-\sin t), y = a(1-\cos t)$ 的一拱(对应于 t 从 0 变到 2π 的一段弧).

5. 计算 $\int_L (x+y)dx + (x-y)dy$, 其中 L 为

(1) 抛物线 $y^2 = x$ 上从点 $(1,1)$ 到点 $(4,2)$ 的一段弧;

(2) 曲线 $x = 2t^2 + t + 1$, $y = t^2 + 1$ 从点 $(1,1)$ 到点 $(4,2)$ 的一段弧.

6. 把对坐标的曲线积分 $\int_L P(x,y)dx + Q(x,y)dy$ 化成对弧长的曲线积分, 其中 L 为

(1) 在 xOy 平面内沿直线从点 $(0,0)$ 到点 $(3,4)$;

(2) 沿抛物线 $y^2 = x$ 上从点 $(1,1)$ 到点 $(4,2)$;

(3) 沿上半圆周 $x^2 + y^2 = 2x$ 从点 $(0,0)$ 到点 $(1,1)$.

7. 设 L 为曲线 $x = t, y = t^2, z = t^3$ 上相应于 t 从 0 变到 1 的曲线弧, 把对坐标的曲线积分 $\int_L Pdx + Qdy + Rdz$ 化成对弧长的曲线积分.

8. 计算 $\int_L \frac{(x+y)dx - (x-y)dy}{x^2 + y^2}$, 其中 L 为圆周 $x^2 + y^2 = a^2$ (按逆时针方向绕行).

9. 计算 $\int_L ydx + zdy + xdz$, 其中 L 为曲线 $x = a\cos t, y = a\sin t, z = bt$, 从 $t = 0$ 到 $t = 2\pi$ 的一段.

10. 计算 $\int_L (x^2 + y^2)\mathrm{d}x + (x^2 - y^2)\mathrm{d}y$，其中 L 为 $y = 1 - |x| \, (0 \leqslant x \leqslant 2)$，方向为 x 增大的方向.

11. 计算 $\int_L \dfrac{y^2}{\sqrt{R^2 + x^2}}\mathrm{d}x + [4x + 2y\ln(x + \sqrt{R^2 + x^2})]\mathrm{d}y$，其中 L 是沿 $x^2 + y^2 = R^2$ 由点 $A(R, 0)$ 逆时针方向到 $B(-R, 0)$ 的半圆周.

第二节　第二型曲面积分

一、通量的表达与第二型曲面积分

在研究感应电流时需要计算通过一个曲面的磁通量，在研究流体的运动规律时往往需要表达及计算单位时间内通过一个曲面的流量. 我们将以运动强度为 $\boldsymbol{F}$ 的量在单位时间内从曲面 Σ 的一侧穿到另一侧的量的多少称为 $\boldsymbol{F}$ 关于曲面 Σ 的**通量**，这里的 $\boldsymbol{F}$ 显然是一个向量场. 前面说到"从曲面 Σ 的一侧穿到另一侧"，说明曲面是有"两侧"的. 如果从曲面上的任何一个点出发不越过曲面的边就不能到出发点处的相反侧，则称曲面是**有两侧的**，称有两侧并指定了"侧"的曲面为**有向曲面**. 对于封闭的曲面，可分为**内侧**和**外侧**；对于非封闭的曲面，如果曲面 Σ 可表示为二元函数

$$z = \varphi(x, y), \quad (x, y) \in D$$

的图像，则称 Σ 可以投影到 xOy 面，曲面可分为**上下两侧**. 同理，有 Σ 可以投影到 yOz 面及 xOz 面的概念，这时曲面可分为**前后两侧**及**左右两侧**. 并非所有的曲面都有两侧，比如图 10.3 所示的"默比乌斯带".

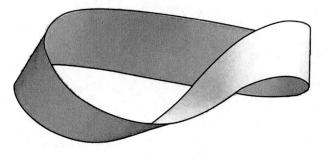

图 10.3

设 $\boldsymbol{F}$ 为区域 Ω 内的连续三维向量场，Σ 为 Ω 内的光滑有向曲面，视 $\boldsymbol{F}$ 为某种运动的量的运动强度(如磁场强度、电场强度、流体的流速等). 现在来研究在单位时间内这种量穿过 Σ 的多少，分如下三步进行.

(1) 将曲面 Σ 分成 n 个小块：$\Delta S_1, \Delta S_2, \cdots, \Delta S_n (\Delta S_i$ 同时也代表第 i 小块曲面的

面积), 称为对 Σ 的一个分割 Δ, 称 ΔS_i 的直径中最小者为分割 Δ 的直径, 记为 λ_Δ.

(2) 在 ΔS_i 上任取一点 ξ_i, 由于 $\boldsymbol{F}$ 具有连续性, 可以用 $\boldsymbol{F}(\xi_i)$ 作为 $\boldsymbol{F}$ 在 ΔS_i 上的近似平均值, 则在单位时间内流过 ΔS_i 的量的近似值为 $\boldsymbol{F}(\xi_i)\cdot\boldsymbol{n}(\xi_i)\Delta S_i$ ($\boldsymbol{n}$ 为曲面的单位法向量), 穿过 Σ 的量的近似值为 $\sum\limits_{i=1}^{n}\boldsymbol{F}(\xi_i)\cdot\boldsymbol{n}(\xi_i)\Delta S_i$ (称为 $\boldsymbol{F}$ 的一个 "黎曼和").

(3) 当分割的直径 λ_Δ 越来越小时, 黎曼和 $\sum\limits_{i=1}^{n}\boldsymbol{F}(\xi_i)\cdot\boldsymbol{n}(\xi_i)\Delta S_i$ 应该越来越接近流量的精确值 Φ, 因此要求出 Φ, 需要求 $\sum\limits_{i=1}^{n}\boldsymbol{F}(\xi_i)\cdot\boldsymbol{n}(\xi_i)\Delta S_i$ 的 "极限".

定义 2.1 (第二型曲面积分的定义)　设 $\boldsymbol{F}$ 为区域 Ω 内的三维向量场, Σ 为 Ω 内的光滑有向曲面, $\boldsymbol{n}$ 为 Σ 的单位法向量.

(1) 将曲面 Σ 分成 n 个小块: $\Delta S_1, \Delta S_2, \cdots, \Delta S_n$ (ΔS_i 同时也代表第 i 小块曲面的面积), 称为对 Σ 的一个**分割** Δ, 称 ΔS_i 的直径中最小者为分割 Δ 的**直径**, 记为 λ_Δ.

(2) 在 ΔS_i 上任取一点 ξ_i, 作和式 $\sum\limits_{i=1}^{n}\boldsymbol{F}(\xi_i)\cdot\boldsymbol{n}(\xi_i)\Delta S_i$, 称为 $\boldsymbol{F}$ 的一个**黎曼和**.

记 $\boldsymbol{n}(\xi_i)\Delta S_i = \Delta\boldsymbol{S}_i$, 则 $\sum\limits_{i=1}^{n}\boldsymbol{F}(\xi_i)\cdot\boldsymbol{n}(\xi_i)\Delta S_i = \sum\limits_{i=1}^{n}\boldsymbol{F}(\xi_i)\cdot\Delta\boldsymbol{S}_i$.

(3) 若对任意的 $\varepsilon > 0$, 存在 $\delta > 0$, 只要分割的直径 $\lambda_\Delta < \delta$, 就有

$$\left|\sum_{i=1}^{n}\boldsymbol{F}(\xi_i)\cdot\Delta\boldsymbol{S}_i - A\right| < \varepsilon,$$

则称 A 为黎曼和 $\sum\limits_{i=1}^{n}\boldsymbol{F}(\xi_i)\cdot\Delta\boldsymbol{S}_i$ 的**极限**, 也称为 $\boldsymbol{F}$ 在曲面 Σ 上的**第二型曲面积分**, 记为 $\iint\limits_{\Sigma}\boldsymbol{F}(r)\cdot\mathrm{d}\boldsymbol{S}$, 当 Σ 是封闭曲面时, 也记为 $\oiint\limits_{\Sigma}\boldsymbol{F}(r)\cdot\mathrm{d}\boldsymbol{S}$. Σ 称为**积分曲面**, $\boldsymbol{F}(r)$ 为**被积函数**, $\boldsymbol{F}(r)\cdot\mathrm{d}\boldsymbol{S}$ 为**被积表达式**.

由定义可知, $\iint\limits_{\Sigma}\boldsymbol{F}(r)\cdot\mathrm{d}\boldsymbol{S}$ 表达的是以 $\boldsymbol{F}(r)$ 为运动强度的量在单位时间内穿过曲面 Σ 的通量.

二、第二型曲面积分的可积性条件与性质

可以证明, 作为一种极限, 黎曼和 $\sum\limits_{i=1}^{n}\boldsymbol{F}(\xi_i)\cdot\Delta\boldsymbol{S}_i$ 的极限也具有类似函数极限的运算律和性质, 比如唯一性、保号性等, 由此及第二型曲面积分的定义可以证明.

定理 2.1 (第二型曲面积分的性质)

(1) 设 $-\Sigma$ 为与 Σ 方向相反的曲面, F 在 Σ 上可积分, 则

$$\iint_{-\Sigma} F(r)\cdot dS = -\iint_{\Sigma} F(r)\cdot dS. \tag{2.1}$$

(2) 设 F 在 Σ 上可积分, k 为任意常数, 则

$$\iint_{\Sigma} kF(r)\cdot dS = k\iint_{\Sigma} F(r)\cdot dS. \tag{2.2}$$

(3) 设 F 和 G 在 Σ 上都是可积的, 则 $F \pm G$ 在 Σ 上也是可积分的, 且

$$\iint_{\Sigma} [F(r)\pm G(r)]\cdot dS = \iint_{\Sigma} F(r)\cdot dS \pm \iint_{\Sigma} G(r)\cdot dS. \tag{2.3}$$

(4) 设曲面 Σ_1 与 Σ_2, 且 $\Sigma = \Sigma_1 + \Sigma_2$, F 在 Σ_1 及 Σ_2 上均可积, 则

$$\iint_{\Sigma} F(r)\cdot dS = \iint_{\Sigma_1} F(r)\cdot dS + \iint_{\Sigma_2} F(r)\cdot dS. \tag{2.4}$$

性质(2), (3)合称为第二型曲面积分的**线性性**, 性质(3)称为**对被积函数的可加性**, 性质(4)称为**对积分区域的可加性**.

定理 2.2 (可积性条件)　由第二型曲面积分的定义可以证明, 只要 F 是连续的且 Σ 为光滑曲面, 则 F 在曲面 Σ 上是可积的. 又由对积分区域的可加性知, 只要 F 是连续的且 Σ 为分片光滑曲面, 则 F 在曲面 Σ 上是可积的.

三、第二型曲面积分的分量表示与计算方法

由第二型曲面积分的定义可知

$$\iint_{\Sigma} F(r)\cdot dS = \iint_{\Sigma} F(r)\cdot n\,dS. \tag{2.5}$$

设其中 Σ 的单位法向量 $n = (\cos\alpha,\cos\beta,\cos\gamma)$, 则由(2.5)有

$$\iint_{\Sigma} F(r)\cdot dS = \iint_{\Sigma} F(r)\cdot n\,dS$$
$$= \iint_{\Sigma} P(x,y,z)\cos\alpha\,dS + \iint_{\Sigma} Q(x,y,z)\cos\beta\,dS + \iint_{\Sigma} R(x,y,z)\cos\gamma\,dS. \tag{2.6}$$

若 Σ 可投影到 xOy 面上, 即 $\Sigma: z = \varphi(x,y),(x,y)\in D_{xy}$, Σ 有上下两侧. 在 D_{xy} 上任取一个面积微元 $d\sigma = dxdy$, $dxdy$ 在曲面 Σ 上对应的面积微元为 dS, 则有 $\cos\gamma dS = \pm dxdy$, 如图 10.4 所示. γ 为锐角即 Σ 取上侧时 $\pm dxdy$ 前面取正号, γ 为钝角即 Σ 取下侧时 $\pm dxdy$ 前面取负号. 记 $\pm dxdy = dx\wedge dy$, 则有

$$\iint\limits_{\Sigma} R(x,y,z)\cos\gamma\,\mathrm{d}S = \iint\limits_{\Sigma} R(x,y,z)\mathrm{d}x \wedge \mathrm{d}y. \tag{2.7}$$

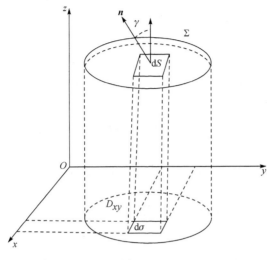

图 10.4

若 Σ 可投影到 xOz 面上, 即 Σ: $y = \eta(x,z), (x,z) \in D_{xz}$, Σ 有左右两侧. 在 D_{xz} 上任取一个面积微元 $\mathrm{d}\sigma = \mathrm{d}x\mathrm{d}z$, $\mathrm{d}x\mathrm{d}z$ 在曲面 Σ 上对应的面积微元为 $\mathrm{d}S$, 则有 $\cos\beta\mathrm{d}S = \pm\mathrm{d}x\mathrm{d}z$. β 为锐角即 Σ 取右侧时 $\pm\mathrm{d}x\mathrm{d}z$ 前面取正号, β 为钝角即 Σ 取左侧时 $\pm\mathrm{d}x\mathrm{d}z$ 前面取负号. 记 $\pm\mathrm{d}x\mathrm{d}z = \mathrm{d}z \wedge \mathrm{d}x$, 则有

$$\iint\limits_{\Sigma} Q(x,y,z)\cos\beta\mathrm{d}S = \iint\limits_{\Sigma} Q(x,y,z)\mathrm{d}z \wedge \mathrm{d}x. \tag{2.8}$$

若 Σ 可投影到 yOz 面上, 即 Σ: $x = \mu(y,z), (y,z) \in D_{yz}$, Σ 有前后两侧. 在 D_{yz} 上任取一个面积微元 $\mathrm{d}\sigma = \mathrm{d}y\mathrm{d}z$, $\mathrm{d}y\mathrm{d}z$ 在曲面 Σ 上对应的面积微元为 $\mathrm{d}S$, 则有 $\cos\alpha\mathrm{d}S = \pm\mathrm{d}y\mathrm{d}z$. α 为锐角即 Σ 取前侧时 $\pm\mathrm{d}y\mathrm{d}z$ 前面取正号, α 为钝角即 Σ 取后侧时 $\pm\mathrm{d}y\mathrm{d}z$ 前面取负号. 记 $\pm\mathrm{d}y\mathrm{d}z = \mathrm{d}y \wedge \mathrm{d}z$, 则有

$$\iint\limits_{\Sigma} P(x,y,z)\cos\alpha\mathrm{d}S = \iint\limits_{\Sigma} P(x,y,z)\mathrm{d}y \wedge \mathrm{d}z. \tag{2.9}$$

综合 (2.6)—(2.9) 得

$$\iint\limits_{\Sigma} \boldsymbol{F}(\boldsymbol{r}) \cdot \mathrm{d}\boldsymbol{S} = \iint\limits_{\Sigma} P(x,y,z)\mathrm{d}y \wedge \mathrm{d}z + \iint\limits_{\Sigma} Q(x,y,z)\mathrm{d}z \wedge \mathrm{d}x + \iint\limits_{\Sigma} R(x,y,z)\mathrm{d}x \wedge \mathrm{d}y$$

$$= \iint\limits_{\Sigma} P(x,y,z)\mathrm{d}y \wedge \mathrm{d}z + Q(x,y,z)\mathrm{d}z \wedge \mathrm{d}x + R(x,y,z)\mathrm{d}x \wedge \mathrm{d}y. \tag{2.10}$$

称 (2.10) 式的右边为第二型曲面积分 $\iint\limits_{\Sigma} \boldsymbol{F}(\boldsymbol{r}) \cdot \mathrm{d}\boldsymbol{S}$ 的 "分量表示".

由公式(2.7)的推导知, 若 Σ: $z = \varphi(x,y),(x,y) \in D_{xy}$, 则

$$\iint\limits_{\Sigma} R(x,y,z)\mathrm{d}x \wedge \mathrm{d}y = \pm\iint\limits_{\Sigma} R(x,y,z)\mathrm{d}x\mathrm{d}y$$

$$= \pm\iint\limits_{D_{xy}} R(x,y,\varphi(x,y))\mathrm{d}x\mathrm{d}y. \tag{2.11}$$

上式右边在 Σ 取上侧时取正号, Σ 取下侧时取负号.

同理, 若 Σ: $y = \eta(x,z),(x,z) \in D_{xz}$, 则

$$\iint\limits_{\Sigma} Q(x,y,z)\mathrm{d}z \wedge \mathrm{d}x = \pm\iint\limits_{\Sigma} Q(x,y,z)\mathrm{d}x\mathrm{d}z$$

$$= \pm\iint\limits_{D_{xz}} Q(x,\eta(x,z),z)\mathrm{d}x\mathrm{d}z. \tag{2.12}$$

上式右边在 Σ 取右侧时取正号, Σ 取左侧时取负号.

若 Σ: $x = \mu(y,z),(y,z) \in D_{yz}$, 则

$$\iint\limits_{\Sigma} P(x,y,z)\mathrm{d}y \wedge \mathrm{d}z = \pm\iint\limits_{\Sigma} P(x,y,z)\mathrm{d}y\mathrm{d}z$$

$$= \pm\iint\limits_{D_{yz}} P(\mu(y,z),y,z)\mathrm{d}y\mathrm{d}z. \tag{2.13}$$

上式右边在 Σ 取前侧时取正号, Σ 取后侧时取负号.

公式(2.11)—(2.13)即第二型曲面积分的计算公式, 因为要求将积分曲面 Σ 分别投影到三个坐标面上, 所以也叫"分别投影法".

例 2.1 计算曲面积分 $\iint\limits_{\Sigma} x^2\mathrm{d}y \wedge \mathrm{d}z + y^2\mathrm{d}z \wedge \mathrm{d}x + z^2\mathrm{d}x \wedge \mathrm{d}y$, 其中 Σ 是长方体 Ω 的整个表面的外侧, $\Omega = \{(x,y,z) \mid 0 \leqslant x \leqslant a, 0 \leqslant y \leqslant b, 0 \leqslant z \leqslant c\}$.

解 把 Ω 的上下面分别记为 Σ_1 和 Σ_2; 前后面分别记为 Σ_3 和 Σ_4; 左右面分别记为 Σ_5 和 Σ_6, 即

$$\Sigma_1: \quad z = c, 0 \leqslant x \leqslant a, 0 \leqslant y \leqslant b \text{ 的上侧;}$$

$$\Sigma_2: \quad z = 0, 0 \leqslant x \leqslant a, 0 \leqslant y \leqslant b \text{ 的下侧;}$$

$$\Sigma_3: \quad x = a, 0 \leqslant y \leqslant b, 0 \leqslant z \leqslant c \text{ 的前侧;}$$

$$\Sigma_4: \quad x = 0, 0 \leqslant y \leqslant b, 0 \leqslant z \leqslant c \text{ 的后侧;}$$

$$\Sigma_5: \quad y = b, 0 \leqslant x \leqslant a, 0 \leqslant z \leqslant c \text{ 的右侧;}$$

$$\Sigma_6: \quad y = 0, 0 \leqslant x \leqslant a, 0 \leqslant z \leqslant c \text{ 的左侧.}$$

除 Σ_3, Σ_4 外, 其余四片曲面在 yOz 面上的投影为线段, 因此

$$\iint\limits_{\Sigma} x^2 \mathrm{d}y \wedge \mathrm{d}z = \iint\limits_{\Sigma_3} y^2 \mathrm{d}y \wedge \mathrm{d}z + \iint\limits_{\Sigma_4} y^2 \mathrm{d}y \wedge \mathrm{d}z = \iint\limits_{D_{yz}} a^2 \mathrm{d}y\mathrm{d}z - \iint\limits_{D_{yz}} 0 \mathrm{d}y\mathrm{d}z = a^2 bc .$$

类似地, 可得

$$\iint\limits_{\Sigma} y^2 \mathrm{d}z \wedge \mathrm{d}x = b^2 ac , \qquad \iint\limits_{\Sigma} z^2 \mathrm{d}x \wedge \mathrm{d}y = c^2 ab .$$

所以

$$\iint\limits_{\Sigma} x^2 \mathrm{d}y \wedge \mathrm{d}z + y^2 \mathrm{d}z \wedge \mathrm{d}x + z^2 \mathrm{d}x \wedge \mathrm{d}y = (a+b+c)abc .$$

例 2.2　计算曲面积分 $\iint\limits_{\Sigma} xyz\mathrm{d}x \wedge \mathrm{d}y$, 其中 Σ 是球面 $x^2 + y^2 + z^2 = a^2 (a>0, x \geqslant 0,$ $y \geqslant 0)$, 取上侧.

解　将曲面 Σ 分成以下两部分:

$$\Sigma_{\text{上}}: \quad z = \sqrt{1-x^2-y^2} \ (x \geqslant 0, y \geqslant 0), \ \text{取上侧,}$$

$$\Sigma_{\text{下}}: \quad z = -\sqrt{1-x^2-y^2} \ (x \geqslant 0, y \geqslant 0), \ \text{取下侧.}$$

$\Sigma_{\text{上}}$ 和 $\Sigma_{\text{下}}$ 在 xOy 面上的投影区域均为 $D_{xy} = \{(x,y)|x^2+y^2 \leqslant a^2, x \geqslant 0, y \geqslant 0\}$, 所以

$$\iint\limits_{\Sigma} xyz\mathrm{d}x \wedge \mathrm{d}y = \iint\limits_{\Sigma_{\text{上}}} xyz\mathrm{d}x \wedge \mathrm{d}y + \iint\limits_{\Sigma_{\text{下}}} xyz\mathrm{d}x \wedge \mathrm{d}y$$

$$= \iint\limits_{D_{xy}} xy\sqrt{1-x^2-y^2}\,\mathrm{d}x\mathrm{d}y - \iint\limits_{D_{xy}} xy(-\sqrt{1-x^2-y^2})\mathrm{d}x\mathrm{d}y$$

$$= 2\iint\limits_{D_{xy}} xy\sqrt{1-x^2-y^2}\,\mathrm{d}x\mathrm{d}y$$

$$\xlongequal{\text{极坐标变换}} 2\int_0^{\frac{\pi}{2}} \mathrm{d}\theta \int_0^1 r^2 \sin\theta \cos\theta \sqrt{1-r^2}\, r\mathrm{d}r$$

$$= \frac{2}{15}.$$

若 Σ 可投影到 xOy 面上, 即 $\Sigma:\ z = \varphi(x,y), (x,y) \in D_{xy}$, 则 Σ 有上下两侧, 其单位

法向量为 $\boldsymbol{n} = \pm\dfrac{(-\varphi_x, -\varphi_y, 1)}{\sqrt{1+\varphi_x^2+\varphi_y^2}}$, 代入 (2.5) 得

$$\iint\limits_{\Sigma} \boldsymbol{F}(\boldsymbol{r}) \cdot \mathrm{d}\boldsymbol{S} = \iint\limits_{\Sigma} \boldsymbol{F}(\boldsymbol{r}) \cdot \boldsymbol{n}\mathrm{d}S$$

$$= \pm\iint\limits_{\Sigma} (P(x,y,z), Q(x,y,z), R(x,y,z)) \cdot \frac{(-\varphi_x, -\varphi_y, 1)}{\sqrt{1+\varphi_x^2+\varphi_y^2}} \mathrm{d}S$$

$$= \pm \iint\limits_{\Sigma} (P(x,y,z), Q(x,y,z), R(x,y,z)) \cdot \frac{(-\varphi_x, -\varphi_y, 1)}{\sqrt{1 + \varphi_x^2 + \varphi_y^2}} \sqrt{1 + \varphi_x^2 + \varphi_y^2} \, dxdy$$

$$= \pm \iint\limits_{D_{xy}} [P(x,y,\varphi(x,y))(-\varphi_x') + Q(x,y,\varphi(x,y))(-\varphi_y') + R(x,y,\varphi(x,y))] dxdy. \quad (2.14)$$

上式右边为一个二重积分，Σ 取上侧时取正号，Σ 取下侧时取负号. 因为利用公式(2.14)计算二重积分时只需要将 Σ 投影到一个坐标面上，所以称为**统一投影法**.

例2.3　计算曲面积分 $\iint\limits_{\Sigma} (z^2 + x)dy \wedge dz - zdx \wedge dy$，其中 Σ 是曲面 $z = \frac{1}{2}(x^2 + y^2)$ 介于平面 $z = 0$ 及 $z = 2$ 之间的部分的下侧.

解　Σ 在 xOy 面上的投影为平面区域 $D = \{(x,y) \mid x^2 + y^2 \leqslant 4\}$，所以由公式(2.14)得

$$\iint\limits_{\Sigma} (z^2 + x)dy \wedge dz - zdx \wedge dy$$

$$= \iint\limits_{D} \left\{ \left[\frac{1}{4}(x^2 + y^2)^2 + x \right] \cdot (-x) - \frac{1}{2}(x^2 + y^2) \right\} dxdy$$

$$= \iint\limits_{D} \left[x^2 + \frac{1}{2}(x^2 + y^2) \right] dxdy$$

$$\xrightarrow{\text{极坐标变换}} \iint\limits_{D} \left(\rho^2 \cos^2 \theta + \frac{1}{2} r^2 \right) \rho d\theta d\rho$$

$$= \int_0^{2\pi} d\theta \int_0^2 \left(r^2 \cos^2 \theta + \frac{1}{2} r^2 \right) r dr$$

$$= 8\pi.$$

四、两类曲面积分之间的关系

公式(2.5)是两类曲面积分之间的关系，即

$$\iint\limits_{\Sigma} \boldsymbol{F}(\boldsymbol{r}) \cdot d\boldsymbol{S} = \iint\limits_{\Sigma} \boldsymbol{F}(\boldsymbol{r}) \cdot \boldsymbol{n} dS,$$

即第二型曲面积分可以表示为一个第一型曲面积分. 有时候将第二型曲面积分转化为第一型曲面积分更易于计算.

例 2.4　计算场 $\boldsymbol{F} = (x,y,z)$ 关于曲面 Σ：$x^2 + y^2 + z^2 = a^2 (a > 0$，取外侧)的通量.

解　Σ 的单位法向量为 $\boldsymbol{n} = \frac{1}{a}(x,y,z)$，所以通量

$$\Phi = \oiint_{\Sigma} (x,y,z) \cdot \mathrm{d}\boldsymbol{S} = \oiint_{\Sigma} (x,y,z) \cdot \boldsymbol{n} \mathrm{d}S = \oiint_{\Sigma} a \mathrm{d}S = 4\pi a^3 .$$

习 题 10.2

1. 当 Σ 为 xOy 平面内的一个闭区域时, 曲面积分 $\iint_{\Sigma} R(x,y,z)\mathrm{d}x \wedge \mathrm{d}y$ 与二重积分有什么关系?

2. 计算曲面积分 $\iint_{\Sigma} z\mathrm{d}x \wedge \mathrm{d}y + x\mathrm{d}y \wedge \mathrm{d}z + y\mathrm{d}z \wedge \mathrm{d}x$, 其中 Σ 为柱面 $x^2 + y^2 = 1$ 被平面 $z = 0$ 及 $z = 3$ 所截的在第一卦限部分的前侧.

3. 计算 $\iint_{\Sigma} x^2\mathrm{d}y \wedge \mathrm{d}z + y^2\mathrm{d}x \wedge \mathrm{d}z + z^2\mathrm{d}x \wedge \mathrm{d}y$, 式中 Σ 为球壳 $(x-a)^2 + (y-b)^2 + (z-c)^2 = R^2$ 的外表面.

4. 将对坐标的曲面积分

$$\iint_{\Sigma} P(x,y,z)\mathrm{d}y \wedge \mathrm{d}z + Q(x,y,z)\mathrm{d}z \wedge \mathrm{d}x + R(x,y,z)\mathrm{d}x \wedge \mathrm{d}y$$

化成对面积的曲面积分, 其中 Σ 是平面 $3x + 2y + 2\sqrt{3}z = 6$ 在第一卦限的部分的上侧.

5. 计算 $\iint_{\Sigma} xz\mathrm{d}x \wedge \mathrm{d}y + xy\mathrm{d}y \wedge \mathrm{d}z + yz\mathrm{d}z \wedge \mathrm{d}x$, 其中 Σ 是平面 $x = 0, y = 0, z = 0, x + y + z = 1$ 所围成的空间区域的整个边界曲面的外侧.

6. 计算 $\iint_{\Sigma} \frac{1}{x}\mathrm{d}y \wedge \mathrm{d}z + \frac{1}{y}\mathrm{d}z \wedge \mathrm{d}x + \frac{1}{z}\mathrm{d}x \wedge \mathrm{d}y$, 其中 Σ 为椭球面 $\frac{x^2}{a^2} + \frac{y^2}{b^2} + \frac{z^2}{c^2} = 1$.

7. 计算 $\iint_{\Sigma} (y-z)\mathrm{d}y \wedge \mathrm{d}z + (z-x)\mathrm{d}z \wedge \mathrm{d}x + (x-y)\mathrm{d}x \wedge \mathrm{d}y$, 式中 Σ 为圆锥面 $x^2 + y^2 = z^2$ $(0 \leqslant z \leqslant h)$ 的外表面.

第三节 格林公式与平面保守场

一、格林公式及其意义

电磁感应定律就是, 当通过以封闭导线为边的曲面 Σ 的磁通量发生变化时, 导线(封闭曲线 L)里的感应电流强度与此磁通量的变化率成正比. 导线里的电流强度可通过导线里的电动势 $\oint_{L} \boldsymbol{E} \cdot \mathrm{d}\boldsymbol{r}$ ($\boldsymbol{E}$ 为电流强度)来表达, 通过 Σ 的磁通量为 $\iint_{\Sigma} \boldsymbol{B}(\boldsymbol{r}) \cdot \mathrm{d}\boldsymbol{S}$, 其变化率为 $\iint_{\Sigma} \frac{\partial \boldsymbol{B}(\boldsymbol{r})}{\partial t} \cdot \mathrm{d}\boldsymbol{S}$ ($\boldsymbol{B}(\boldsymbol{r})$ 为磁场强度, t 为时间), 则电磁感应

定律就是

$$\oint_L \boldsymbol{E} \cdot \mathrm{d}\boldsymbol{r} = k \iint_{\Sigma} \frac{\partial \boldsymbol{B}(\boldsymbol{r})}{\partial t} \cdot \mathrm{d}\boldsymbol{S},$$

其中 k 为比例系数. 上式是一个第二型曲线积分与一个第二型曲面积分之间的关系, 它是后面即将学习的斯托克斯(Stokes)公式的物理背景, 而二维场的斯托克斯公式就是格林(Green)公式. 我们知道点电荷形成的电场及磁场、万有引力场都是保守场. 那么保守场与斯托克斯公式(或格林公式)之间有什么必然的联系呢? 这是我们接下来要解决的问题.

先来研究格林公式, 它与判断一个二维场是否是保守场密切相关. 首先对区域进行分类.

单连通与复连通区域　设 D 为平面区域, 如果 D 内任一闭曲线所围的部分都属于 D, 则称 D 为**单连通区域**, 否则称为**复连通区域**. 形象地说, 单连通区域就是中间没有 "洞" 的区域, 复连通区域就是中间至少有一个 "洞" 的区域.

对于单连通的有界闭区域 D, 其边界 ∂D 是一条简单封闭曲线, 对于复连通的有界闭区域 D, 其边界 ∂D 则由外面的一条简单封闭曲线及内部的若干条简单封闭曲线构成. 规定 ∂D 的正向为: 沿着边界运动时, 如果左边位于区域的内部, 即为正向, 记为 ∂D^+.

定理 3.1 (格林公式)　设有界闭区域 D 的边界 ∂D 是分段光滑的, 二维场 $\boldsymbol{F} = (P(x,y), Q(x,y))$ 在 D 上有一阶连续偏导数, 则有

$$\oint_{\partial D^+} P\mathrm{d}x + Q\mathrm{d}y = \iint_D \left(\frac{\partial Q}{\partial x} - \frac{\partial P}{\partial y} \right) \mathrm{d}x\mathrm{d}y.$$

格林公式的意义在于它将两种看似不相关的两个积分联系在一起. 我们知道, 不同类型的积分都有其物理背景, 所以格林公式反映了不同物理量之间的关系. 后面我们会看到可以利用格林公式得到一个简单的判断二维场是否为保守场的方法. 同时格林公式也有简化计算的作用, 可以将不易计算的第二型曲线积分转化为二重积分来计算, 也可以将二重积分化为第二型曲线积分进行计算.

例 3.1　利用第二型曲线积分计算平面区域的面积.

令 $P(x,y) = -y, Q(x,y) = 0$, 则由格林公式得有界闭区域 D 的面积

$$m(D) = \iint_D \mathrm{d}D = -\oint_{\partial D^+} y\mathrm{d}x. \tag{3.1}$$

令 $P(x,y) = 0, Q(x,y) = x$, 则由格林公式得 D 的面积

$$m(D) = \iint_D \mathrm{d}D = \oint_{\partial D^+} x\mathrm{d}y. \tag{3.2}$$

由(3.1), (3.2)得

$$m(D) = \frac{1}{2}\oint_{\partial D^+} x\mathrm{d}y - y\mathrm{d}x . \tag{3.3}$$

例 3.2　计算椭圆 $D = \left\{(x,y)\,\middle|\,\dfrac{x^2}{a^2} + \dfrac{y^2}{b^2} \leqslant 1\right\}$ 的面积.

解　椭圆 D 的参数方程为 $x = a\cos\theta, y = b\sin\theta(0 \leqslant \theta \leqslant \pi)$，由公式(3.3)得

$$m(D) = \frac{1}{2}\int_{\partial D^+} x\mathrm{d}y - y\mathrm{d}x = \frac{1}{2}\int_0^{2\pi}(a\cos\theta b\cos\theta + b\sin\theta a\sin\theta)\mathrm{d}\theta = \pi ab .$$

例 3.3　计算二重积分 $\displaystyle\iint_D \mathrm{e}^{-y^2}\mathrm{d}x\mathrm{d}y$，其中 D 是以 $O(0,0), A(1,1), B(0,1)$ 为顶点的三角形闭区域.

解　令 $P = 0$，$Q = x\mathrm{e}^{-y^2}$，则 $\dfrac{\partial Q}{\partial x} - \dfrac{\partial P}{\partial y} = \mathrm{e}^{-y^2}$，由格林公式有

$$\iint_D \mathrm{e}^{-y^2}\mathrm{d}x\mathrm{d}y = \int_{\partial D^+} x\mathrm{e}^{-y^2}\mathrm{d}y = \int_{OA} x\mathrm{e}^{-y^2}\mathrm{d}y = \int_0^1 x\mathrm{e}^{-x^2}\mathrm{d}x = \frac{1}{2}(1 - \mathrm{e}^{-1}) .$$

例 3.4　计算积分 $\displaystyle\int_L (x^2 - y)\mathrm{d}x - (x + \sin^2 y)\mathrm{d}y$，其中 L 是在圆周 $y = \sqrt{2x - x^2}$ 上由点 $O(0,0)$ 到点 $A(1,1)$ 的一段弧.

解　如图 10.5 所示，$P(x,y) = x^2 - y, Q(x,y) = -x - \sin^2 y$.

$$\int_L (x^2 - y)\mathrm{d}x - (x + \sin^2 y)\mathrm{d}y$$

$$= \int_{-\partial D^+ - \overline{AB} - \overline{BO}}(x^2 - y)\mathrm{d}x - (x + \sin^2 y)\mathrm{d}y$$

$$= \left(\oint_{-\partial D^+} + \int_{-\overline{AB} - \overline{BO}}\right)(x^2 - y)\mathrm{d}x - (x + \sin^2 y)\mathrm{d}y$$

$$= -\iint_D \left(\frac{\partial Q}{\partial x} - \frac{\partial P}{\partial y}\right)\mathrm{d}x\mathrm{d}y - \int_1^0 (1 + \sin^2 y)\mathrm{d}y - \int_1^0 x^2\mathrm{d}x$$

$$= 1 + \frac{1}{3} + \frac{1}{2} - \frac{1}{4}\sin 2 = \frac{11}{6} - \frac{1}{4}\sin 2 .$$

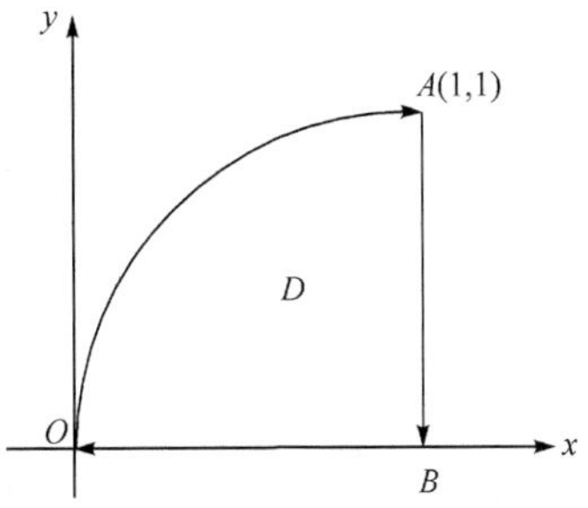

图 10.5

例 3.5　计算积分 $\displaystyle\oint_L \frac{x\mathrm{d}y - y\mathrm{d}x}{x^2 + y^2}$，其中 L 为一条简单分段光滑且不经过原点的封闭曲线，L 的方向为逆时针方向.

解　令 $P = \dfrac{-y}{x^2 + y^2}$，$Q = \dfrac{x}{x^2 + y^2}$，则当 $x^2 + y^2 \neq 0$ 时，有

$$\frac{\partial Q}{\partial x} = \frac{y^2 - x^2}{(x^2 + y^2)^2} = \frac{\partial P}{\partial y} .$$

记 L 所围成的闭区域为 D. 当 $(0,\ 0)\notin D$ 时, 由格林公式有 $\oint_L \dfrac{x\mathrm{d}y - y\mathrm{d}x}{x^2 + y^2} = 0$; 当

$(0,\ 0)\in D$ 时, 取圆周 L_0: $x^2 + y^2 = \varepsilon^2$, 其中 ε 足够小, 使得 L_0 位于 D 的内部, L_0 取逆时针方向. 由 L 及 L_0 围成的复连通区域记为 D_0, 应用格林公式得

$$0 = \oint_{\partial D_0^+} \frac{x\mathrm{d}y - y\mathrm{d}x}{x^2 + y^2} = \oint_{L-L_0} \frac{x\mathrm{d}y - y\mathrm{d}x}{x^2 + y^2} = \oint_L \frac{x\mathrm{d}y - y\mathrm{d}x}{x^2 + y^2} - \oint_{L_0} \frac{x\mathrm{d}y - y\mathrm{d}x}{x^2 + y^2},$$

即

$$\oint_L \frac{x\mathrm{d}y - y\mathrm{d}x}{x^2 + y^2} = \oint_{L_0} \frac{x\mathrm{d}y - y\mathrm{d}x}{x^2 + y^2} = \frac{1}{\varepsilon^2} \oint_{L_0} x\mathrm{d}y - y\mathrm{d}x = \frac{1}{\varepsilon^2} \iint_{x^2+y^2 \leqslant \varepsilon^2} 2\mathrm{d}x\mathrm{d}y = 2\pi.$$

二、格林公式的证明

证明 按区域的形状分三种情况来证明.

(1) 区域 D 既是 x-型又是 y-型区域, 如图 10.6 所示, 区域 D 表示为

$$\varphi_1(x) \leqslant y \leqslant \varphi_2(x), \quad a \leqslant x \leqslant b.$$

又可表示为

$$\psi_1(y) \leqslant x \leqslant \psi_2(y), \quad \alpha \leqslant y \leqslant \beta,$$

有

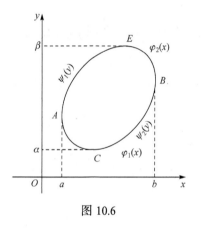

图 10.6

$$\iint_D \frac{\partial Q}{\partial x} \mathrm{d}\sigma = \int_\alpha^\beta \mathrm{d}y \int_{\psi_1(y)}^{\psi_2(y)} \frac{\partial Q}{\partial x} \mathrm{d}x$$

$$= \int_\alpha^\beta Q(\psi_2(y), y)\mathrm{d}y - \int_\alpha^\beta Q(\psi_1(y), y)\mathrm{d}y$$

$$= \int_{CBE} Q(x, y)\mathrm{d}y - \int_{CAE} Q(x, y)\mathrm{d}y$$

$$= \oint_L Q(x, y)\mathrm{d}y.$$

同理可证 $\iint_D -\dfrac{\partial P}{\partial y}\mathrm{d}\sigma = \oint_L P(x, y)\mathrm{d}x$. 上述两式相加即得

$$\iint_D \left(\frac{\partial Q}{\partial x} - \frac{\partial P}{\partial y} \right)\mathrm{d}\sigma = \oint_L P\mathrm{d}x + Q\mathrm{d}y.$$

(2) 区域 D 是单连通的但不是 x-型或 y-型区域, 由一条按段光滑的闭曲线围成, 用几条光滑曲线将它分成有限个既是 x-型又是 y-型的子区域, 然后逐块应用 (1) 得到它的格林公式, 并相加即可, 如图 10.7 所示的情况, 则有

$$\iint\limits_{D}\left(\frac{\partial Q}{\partial x}-\frac{\partial P}{\partial y}\right)\mathrm{d}\sigma$$

$$=\iint\limits_{D_1}\left(\frac{\partial Q}{\partial x}-\frac{\partial P}{\partial y}\right)\mathrm{d}\sigma+\iint\limits_{D_2}\left(\frac{\partial Q}{\partial x}-\frac{\partial P}{\partial y}\right)\mathrm{d}\sigma+\iint\limits_{D_3}\left(\frac{\partial Q}{\partial x}-\frac{\partial P}{\partial y}\right)\mathrm{d}\sigma$$

$$=\oint_{L_1}P\mathrm{d}x+Q\mathrm{d}y+\oint_{L_2}P\mathrm{d}x+Q\mathrm{d}y+\oint_{L_3}P\mathrm{d}x+Q\mathrm{d}y=\oint_{L}P\mathrm{d}x+Q\mathrm{d}y.$$

(3) 区域 D 为复连通的, 是由若干条闭曲线所围成的多连通区域, 如图 10.8 所示. 可添加直线 AB,EC 段, 把区域转化为(2)的情况来处理.

$$\iint\limits_{D}\left(\frac{\partial Q}{\partial x}-\frac{\partial P}{\partial y}\right)\mathrm{d}\sigma$$

$$=\left\{\int_{AB}+\int_{L_2}+\int_{BA}+\int_{AFC}+\int_{CE}+\int_{L_3}+\int_{EC}+\int_{CGA}\right\}(P\mathrm{d}x+Q\mathrm{d}y)$$

$$=\left(\oint_{L_2}+\oint_{L_3}+\oint_{L_1}\right)(P\mathrm{d}x+Q\mathrm{d}y)=\oint_{L}(P\mathrm{d}x+Q\mathrm{d}y).$$

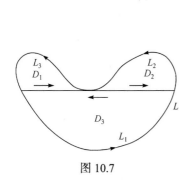

图 10.7

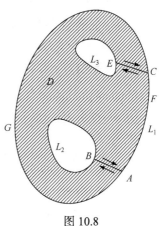

图 10.8

三、平面保守场及其判定

在物理上, 如果一个向量场沿曲线所做的功只与起点和终点有关, 而与具体的路径无关, 则称向量场为一个保守场. 又由于向量场沿曲线所做的功可以表示为一个第二型的曲线积分, 所以在数学上如果一个向量场的第二型曲线积分只与曲线的起点和终点有关, 而与曲线的具体路径无关, 则称此向量场为一个保守场.

由保守场的概念可知, 要按照其定义来判断一个向量场是否是保守场是很不容易的, 找到一个比较简单的判定方法是本小节的主要任务. 先来看二维场是否是保守场的判定定理. 为了描述这一定理, 先引入二维向量场的原函数(位函数、势函数)的概念.

定义 3.1 (原函数的概念) 对于二维场 $\boldsymbol{F}=(P(x,y),Q(x,y))$, 若存在二元可微函数 $u(x,y)$ 使得 $u'(x,y)=\left(\dfrac{\partial u}{\partial x},\dfrac{\partial u}{\partial y}\right)=\boldsymbol{F}=(P(x,y),Q(x,y))$, 则称 $u(x,y)$ 为 $\boldsymbol{F}$ 的一个**原函数**, 也称 $u(x,y)$ 为 $\boldsymbol{F}$ 的**位函数**、**势函数**, 称 $\boldsymbol{F}$ 为位场、有势场.

定理 3.2 设区域 Ω 是单连通的, 二维场 $\boldsymbol{F}=(P(x,y),Q(x,y))\in C^{(1)}(\Omega)$, 则以下四个结论等价:

(1) 曲线积分 $\displaystyle\int_L \boldsymbol{F}(\boldsymbol{r})\cdot\mathrm{d}\boldsymbol{r}$ 在 Ω 内与路径无关($\boldsymbol{F}$ 为保守场);

(2) $\boldsymbol{F}$ 在 Ω 内有原函数($\boldsymbol{F}$ 是有势场、位场);

(3) 在 Ω 内 $\dfrac{\partial Q}{\partial x}=\dfrac{\partial P}{\partial y}$;

(4) 对任意一条 Ω 内分段光滑的封闭曲线 L, 有 $\displaystyle\oint_L \boldsymbol{F}(\boldsymbol{r})\cdot\mathrm{d}\boldsymbol{r}=0$.

证明 只要证明结论(1)成立 $\Rightarrow$ 结论(2)成立 $\Rightarrow$ 结论(3)成立 $\Rightarrow$ 结论(4)成立 $\Rightarrow$ 结论(1)成立.

结论(1) $\Rightarrow$ 结论(2) 在区域 Ω 内取一个定点 (x_0,y_0) 及一个动点 (x,y), 则以 (x_0,y_0) 为起点、(x,y) 为终点的第二型曲线积分与具体的路径无关, 积分可记为 $\displaystyle\int_{(x_0,y_0)}^{(x,y)} P(s,t)\mathrm{d}s+Q(s,t)\mathrm{d}t$, 此积分实际上是一个 (x,y) 的函数, 记为 $u(x,y)$, 即

$$u(x,y)=\int_{(x_0,y_0)}^{(x,y)} P(s,t)\mathrm{d}s+Q(s,t)\mathrm{d}t. \tag{3.4}$$

现在来求 $u(x,y)$ 的导数,

$$\begin{aligned}
\frac{\partial u}{\partial x} &= \lim_{\Delta x\to 0}\frac{u(x+\Delta x,y)-u(x,y)}{\Delta x}\\[2mm]
&= \lim_{\Delta x\to 0}\frac{\displaystyle\int_{(x_0,y_0)}^{(x+\Delta x,y)} P(s,t)\mathrm{d}s+Q(s,t)\mathrm{d}t-\int_{(x_0,y_0)}^{(x,y)} P(s,t)\mathrm{d}s+Q(s,t)\mathrm{d}t}{\Delta x}\\[2mm]
&= \lim_{\Delta x\to 0}\frac{\displaystyle\left(\int_{(x_0,y_0)}^{(x,y)}+\int_{(x,y)}^{(x+\Delta x,y)}\right) P(s,t)\mathrm{d}s+Q(s,t)\mathrm{d}t-\int_{(x_0,y_0)}^{(x,y)} P(s,t)\mathrm{d}s+Q(s,t)\mathrm{d}t}{\Delta x}\\[2mm]
&= \lim_{\Delta x\to 0}\frac{\displaystyle\int_{(x,y)}^{(x+\Delta x,y)} P(s,t)\mathrm{d}s+Q(s,t)\mathrm{d}t}{\Delta x}
\end{aligned}$$

$$= \lim_{\Delta x \to 0} \frac{\int_x^{x+\Delta x} P(s,y)\mathrm{d}x}{\Delta x}$$

$$\xlongequal{\text{积分中值定理}} \lim_{\Delta x \to 0} P(x+\theta\Delta x, y)$$

$$= P(x,y).$$

同理可证 $\dfrac{\partial u}{\partial y} = Q(x,y)$，所以 $u'(x,y) = \left(\dfrac{\partial u}{\partial x}, \dfrac{\partial u}{\partial y}\right) = \boldsymbol{F} = (P(x,y), Q(x,y))$，$u(x,y)$

为 $\boldsymbol{F}$ 的一个原函数，结论(2)成立.

结论(2)⇒结论(3)　记 $\boldsymbol{F}$ 在 Ω 内有原函数 $u(x,y)$，且 $\dfrac{\partial u}{\partial x} = P(x,y), \dfrac{\partial u}{\partial y} = Q(x,y)$，

由于 $\boldsymbol{F} \in C^{(1)}$，所以 $\dfrac{\partial u}{\partial x}, \dfrac{\partial u}{\partial y}$ 有连续的一阶偏导数，即 $\dfrac{\partial^2 u}{\partial x \partial y} = \dfrac{\partial P}{\partial y}, \dfrac{\partial^2 u}{\partial y \partial x} = \dfrac{\partial Q}{\partial x}$ 连续，

故 $\dfrac{\partial^2 u}{\partial x \partial y} = \dfrac{\partial^2 u}{\partial y \partial x}$，即 $\dfrac{\partial P}{\partial y} = \dfrac{\partial Q}{\partial x}$，结论(3)成立.

结论(3)⇒结论(4)　记 L 所围成的区域为 D，则有格林公式有

$$\oint_L P\mathrm{d}x + Q\mathrm{d}y = \iint_D \left(\frac{\partial Q}{\partial x} - \frac{\partial P}{\partial y}\right)\mathrm{d}D = 0,$$

所以结论(4)成立.

结论(4)⇒结论(1)　对于任意两条起点相同、终点相同的曲线 L_1, L_2，如图 10.9 所示，有

$$0 = \oint_{L_1 - L_2} P\mathrm{d}x + Q\mathrm{d}y = \oint_{L_1} P\mathrm{d}x + Q\mathrm{d}y - \oint_{L_2} P\mathrm{d}x + Q\mathrm{d}y,$$

即

$$\oint_{L_1} P\mathrm{d}x + Q\mathrm{d}y = \oint_{L_2} P\mathrm{d}x + Q\mathrm{d}y.$$

所以第二型曲线积分只与曲线的起点和终点有关，而与具体的积分路径无关，$\boldsymbol{F}$ 为保守场，结论(1)成立.

由定理 3.2 知，对于一个单连通区域内的二维场，要判断其是否为保守场，只需验证是否有 $\dfrac{\partial Q}{\partial x} = \dfrac{\partial P}{\partial y}$ 就行了.

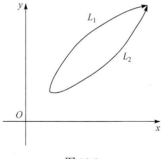

图 10.9

还可以看出，在单连通的区域内，$\boldsymbol{F} = (P(x,y), Q(x,y))$ 为保守场的充要条件是 $P\mathrm{d}x + Q\mathrm{d}y$ 为 $\boldsymbol{F}$ 的原函数的全微分，即 $\mathrm{d}u = P\mathrm{d}x + Q\mathrm{d}y$. 容易证明，与一元函数的情况一样，若 $\boldsymbol{F}$ 有一个原函数，则有无穷多个原函数，且任意两个原函数之间

只相差一个常数, 且有如下的公式:

$$\int_{(x_1,y_1)}^{(x_2,y_2)} P(s,t)ds + Q(s,t)dt = u(x_2,y_2) - u(x_1,y_1) = u(x,y)\Big|_{(x_1,y_1)}^{(x_2,y_2)}.$$

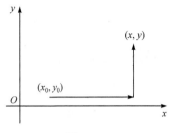

图 10.10

$\boldsymbol{F} = (P(x,y), Q(x,y))$ 的原函数可通过公式(3.4)来计算. 取曲线为图 10.10 所示的折线, 则有

$$u(x,y) = \int_{(x_0,y_0)}^{(x,y)} P(s,t)ds + Q(s,t)dt$$

$$= \int_{x_0}^{x} P(s,y_0)ds + \int_{y_0}^{y} Q(x,t)dt. \qquad (3.5)$$

由公式(3.5)求出来的是一个原函数, $u(x,y) + C$ 可表示 $\boldsymbol{F} = (P(x,y), Q(x,y))$ 的所有原函数.

另一个求 $\boldsymbol{F} = (P(x,y), Q(x,y))$ 的原函数的方法是利用原函数 $u(x,y)$ 与 $\boldsymbol{F}$ 的关系:

$$\frac{\partial u}{\partial x} = P(x,y), \quad \frac{\partial u}{\partial y} = Q(x,y).$$

由 $\dfrac{\partial u}{\partial x} = P(x,y)$, 得

$$u(x,y) = \int P(x,y)dx + \varphi(y). \qquad (3.6)$$

(3.6)中的不定积分 $\int P(x,y)dx$ 中不再包含任意常数(已并入 $\varphi(y)$). 再由 $\dfrac{\partial u}{\partial y} = Q(x,y)$ 得到

$$Q(x,y) = \frac{\partial u}{\partial y} = \frac{\partial \int P(x,y)dx}{\partial y} + \varphi'(y),$$

$$\varphi'(y) = \frac{\partial \int P(x,y)dx}{\partial y} - Q(x,y).$$

可求出

$$\varphi(y) = \int \left[\frac{\partial \int P(x,y)dx}{\partial y} - Q(x,y) \right] dy. \qquad (3.7)$$

(3.7)中最外层的不定积分包含一个任意常数, 这样就得到 $\boldsymbol{F} = (P(x,y), Q(x,y))$ 的所有原函数

$$u(x,y) = \int P(x,y)\mathrm{d}x + \int \left[\frac{\partial \int P(x,y)\mathrm{d}x}{\partial y} - Q(x,y) \right] \mathrm{d}y .$$

例 3.6 试求常数 λ, 使 $I = \int_{(x_0,y_0)}^{(x,y)} st^\lambda \mathrm{d}s + s^\lambda t \mathrm{d}t$ 与路径无关, 并求 I 的值.

解 $\frac{\partial P}{\partial y} = \frac{\partial}{\partial y}(xy^\lambda) = \lambda xy^{\lambda-1}, \frac{\partial Q}{\partial x} = \frac{\partial}{\partial x}(x^\lambda y) = \lambda x^{\lambda-1}y$, 由 $\frac{\partial P}{\partial y} = \frac{\partial Q}{\partial x}$, 得 $\lambda = 2$,
于是

$$\int_{(x_0,y_0)}^{(x,y)} st^2\mathrm{d}s + s^2t\mathrm{d}t = \int_{x_0}^{x} sy_0^2\mathrm{d}s + \int_{y_0}^{y} x^2t\mathrm{d}t$$

$$= \frac{s^2 y_0^2}{2}\bigg|_{x_0}^{x} + \frac{x^2 t^2}{2}\bigg|_{y_0}^{y}$$

$$= \frac{1}{2}x^2y^2 - \frac{1}{2}x_0^2y_0^2 .$$

例 3.7 验证: 在整个 xOy 面内, $xy^2\mathrm{d}x + x^2y\mathrm{d}y$ 是某个函数的全微分, 并求出一个这样的函数.

证明 $P = xy^2, Q = x^2y$, 且 $\frac{\partial P}{\partial y} = 2xy = \frac{\partial Q}{\partial x}, (x,y) \in \mathbf{R}^2$, 所以在整个 xOy 面内, $xy^2\mathrm{d}x + x^2y\mathrm{d}y$ 是某个函数的全微分. 取 $(x_0,y_0) = (0,0)$, 由公式(3.5)得

$$u(x,y) = \int_0^x P(s,0)\mathrm{d}s + \int_0^y Q(x,t)\mathrm{d}t = \int_0^y x^2t\mathrm{d}t = \frac{1}{2}x^2y^2 .$$

例 3.8 验证表达式 $(4x^3y^3 - 3y^2 + 5)\mathrm{d}x + (3x^4y^2 - 6xy - 4)\mathrm{d}y$ 为全微分, 并求原函数.

解 $P(x,y) = 4x^3y^3 - 3y^2 + 5, Q(x,y) = 3x^4y^2 - 6xy - 4$, 且

$$\frac{\partial P}{\partial y} = 12x^3y^2 - 6y = \frac{\partial Q}{\partial x},$$

故 $\boldsymbol{F} = (P(x,y), Q(x,y))$ 为有势场, 设其势函数为 $u(x,y)$, 则

$$u(x,y) = \int(4x^3y^3 - 3y^2 + 5)\mathrm{d}x + \varphi(y) = x^4y^3 - 3xy^2 + 5x + \varphi(y),$$

又因为

$$\frac{\partial u}{\partial y} = Q(x,y) = 3x^4y^2 - 6xy + \varphi'(y) = 3x^4y^2 - 6xy - 4,$$

所以 $\varphi'(y) = -4$, 得 $\varphi(y) = -4y + C$, 故 $u(x,y) = 5x + x^4y^3 - 3xy^2 - 4y + C$.

例 3.9 设 $f(u)$ 有一阶连续的导数, 证明对任何光滑闭曲线 L, 有

$$\oint_L f(xy)(y\mathrm{d}x + x\mathrm{d}y) = 0 .$$

证明　由于 $f(u)$ 是连续函数, 所以有原函数 $F(u)$, 故

$$f(xy)(y\mathrm{d}x + x\mathrm{d}y) = f(xy)\mathrm{d}(xy) = \mathrm{d}F(xy) ,$$

即 $\oint_L f(xy)(y\mathrm{d}x + x\mathrm{d}y) = 0$ 的被积表达式 $f(xy)(y\mathrm{d}x + x\mathrm{d}y)$ 是全微分, 从而

$$\oint_L f(xy)(y\mathrm{d}x + x\mathrm{d}y) = 0 .$$

四、全微分方程及其求解

如果有 $\dfrac{\partial P}{\partial y} = \dfrac{\partial Q}{\partial x}$, 则称微分方程

$$P(x,y)\mathrm{d}x + Q(x,y)\mathrm{d}y = 0 \tag{3.8}$$

为一个**全微分方程**.

对于全微分方程(3.8), 由于有 $\dfrac{\partial P}{\partial y} = \dfrac{\partial Q}{\partial x}$, 方程的左边 $P(x,y)\mathrm{d}x + Q(x,y)\mathrm{d}y$ 是某个二元函数 $u(x,y)$ 的全微分(这也是为什么要称方程为全微分方程的理由), 也就是

$$P(x,y)\mathrm{d}x + Q(x,y)\mathrm{d}y = \mathrm{d}u(x,y) . \tag{3.9}$$

方程(3.8)就等价于 $\mathrm{d}u(x,y) = 0$, 即等价于

$$u(x,y) = C . \tag{3.10}$$

代数方程(3.10)是与微分方程(3.8)等价的代数方程, 所以(3.10)就是全微分方程(3.8)的通解. 解全微分方程就是要求出方程左边全微分的一个原函数, 并令其等于一个任意常数, 所得到的代数方程就是微分方程的通解.

例 3.10　求方程 $(2x + \sin y)\mathrm{d}x + x\cos y\mathrm{d}y = 0$ 的通解.

解　因为 $\dfrac{\partial Q}{\partial x} = \cos y = \dfrac{\partial P}{\partial y}$, 所以方程为全微分方程, 其原函数为

$$u(x,y) = \int (2x + \sin y)\mathrm{d}x + \varphi(y) ,$$

即

$$u(x,y) = x^2 + x\sin y + \varphi(y) .$$

上式两边对 y 求导得

$$x\cos y = x\cos y + \varphi'(y) ,$$

所以

$$\varphi'(y) = 0 \ \Rightarrow\ \varphi(y) = C \ \Rightarrow\ u(x,y) = x^2 + x\sin y + C ,$$

故方程的通解为

$$x^2 + x\sin y = C.$$

可以看出, 全微分方程是易求解的, 而且一阶方程 $y' = f(x, y)$ 与方程(3.8)可以互相转化, 因此能找到方程(3.8)的求解方法就意味着可以求解方程 $y' = f(x, y)$. 但一般说来, 方程(3.8)不会是全微分方程. 那么能否得到与方程(3.8)等价的全微分方程呢? 我们的想法是在方程(3.8)的两边同时乘上一个合适的函数 $M(x, y)$, 方程(3.8)变为

$$MPdx + MQdy = 0, \tag{3.11}$$

因此方程(3.11)成为一个全微分方程, 称这样的函数 $M(x, y)$ 为方程(3.8)的一个"积分因子". 因为方程(3.11)是全微分方程, 所以有

$$\frac{\partial(MQ)}{\partial x} = \frac{\partial(MP)}{\partial y},$$

即

$$\left(Q\frac{\partial M}{\partial x} - P\frac{\partial M}{\partial y} \right) + M\left(\frac{\partial Q}{\partial x} - \frac{\partial P}{\partial y} \right) = 0. \tag{3.12}$$

方程(3.12)是一个偏微分方程, 一般说来, 其求解比方程(3.8)的求解难度更大. 那么有没有特殊的情况, 方程(3.12)的求解比较容易呢? 如果方程(3.8)存在只与 x 有关的积分因子 $M(x)$, 则方程(3.12)变为

$$Q\frac{dM}{dx} + M\left(\frac{\partial Q}{\partial x} - \frac{\partial P}{\partial y} \right) = 0,$$

即

$$\frac{dM}{M} = \frac{-\left(\frac{\partial Q}{\partial x} - \frac{\partial P}{\partial y} \right)}{Q}dx. \tag{3.13}$$

方程(3.13)的左边只与 x 有关, 所以右边也只与 x 有关, 从而 $\dfrac{-\left(\frac{\partial Q}{\partial x} - \frac{\partial P}{\partial y} \right)}{Q}$ 只与 x 有关, 此时可求出积分因子

$$M(x) = e^{-\int \left[\left(\frac{\partial Q}{\partial x} - \frac{\partial P}{\partial y} \right) / Q \right] dx}, \tag{3.14}$$

即当 $\dfrac{-\left(\frac{\partial Q}{\partial x} - \frac{\partial P}{\partial y} \right)}{Q}$ 只与 x 有关时, 可由(3.14)求出方程(3.8)的一个积分因子.

同理, 当 $\dfrac{\left(\dfrac{\partial Q}{\partial x} - \dfrac{\partial P}{\partial y}\right)}{P}$ 只与 y 有关时, 可求出方程(3.8)的一个只与 y 有关的积分因子

$$M(y) = \mathrm{e}^{\int\left[\left(\frac{\partial Q}{\partial x} - \frac{\partial P}{\partial y}\right)\big/P\right]\mathrm{d}y}. \tag{3.15}$$

例 3.11　利用全微分方程求一阶线性方程

$$y' + p(x)y = q(x)$$

的通解.

解　方程化为

$$[q(x) - p(x)y]\mathrm{d}x - \mathrm{d}y = 0 ,$$

有 $\dfrac{\partial Q}{\partial x} - \dfrac{\partial P}{\partial y} = p(x) \neq 0$, 所以方程不是全微分方程, 但 $\dfrac{-\left(\dfrac{\partial Q}{\partial x} - \dfrac{\partial P}{\partial y}\right)}{Q} = p(x)$ 只与 x 有关, 所以方程有只与 x 有关的积分因子

$$M(x) = \mathrm{e}^{-\int\left[\left(\frac{\partial Q}{\partial x} - \frac{\partial P}{\partial y}\right)\big/Q\right]\mathrm{d}x} = \mathrm{e}^{\int p(x)\mathrm{d}x}.$$

在方程两边同时乘上此积分因子得

$$[q(x) - p(x)y]\mathrm{e}^{\int p(x)\mathrm{d}x}\mathrm{d}x - \mathrm{e}^{\int p(x)\mathrm{d}x}\mathrm{d}y = 0 .$$

可求出上式左边微分的原函数为

$$u(x,y) = -y\mathrm{e}^{\int p(x)\mathrm{d}x} + \int q(x)\mathrm{e}^{\int p(x)\mathrm{d}x}\mathrm{d}x .$$

所以方程的通解为

$$-y\mathrm{e}^{\int p(x)\mathrm{d}x} + \int q(x)\mathrm{e}^{\int p(x)\mathrm{d}x}\mathrm{d}x = C_1 ,$$

即

$$y = \mathrm{e}^{-\int p(x)\mathrm{d}x}\left(\int q(x)\mathrm{e}^{\int p(x)\mathrm{d}x}\mathrm{d}x + C\right).$$

习　题　10.3

1. 计算 $\displaystyle\int_L (\mathrm{e}^x \sin y - my)\mathrm{d}x + (\mathrm{e}^x \cos y - mx)\mathrm{d}y$, 其中 L 为 $x = a(t - \sin t)$, $y = a(1 - \cos t)$, $0 \leqslant t \leqslant \pi$, 且 t 从大到小的方向为积分路径的方向.

2. 确定 λ 的值, 使曲线积分 $\displaystyle\int_\alpha^\beta (x^4 + 4xy^\lambda)\mathrm{d}x + (6x^{\lambda-1}y^2 - 5y^4)\mathrm{d}y$ 与积分路径无关, 并求

$A(0,0)$，$B(1,2)$ 时的积分值.

3. 计算积分 $\int_L (2xy - x^2)\mathrm{d}x + (x + y^2)\mathrm{d}y$，其中 L 是由抛物线 $y = x^2$ 和 $y^2 = x$ 所围成区域的正向边界曲线，并验证格林公式的正确性.

4. 利用曲线积分求星形线 $x = a\cos^3 t, y = a\sin^3 t$ 所围成的图形的面积.

5. 证明曲线积分 $\int_{(1,2)}^{(3,4)} (6xy^2 - y^3)\mathrm{d}x + (6x^2 y - 3xy^2)\mathrm{d}y$ 在整个 xOy 平面内与路径无关，并计算积分值.

6. 利用格林公式计算曲线积分

$$\oint_L (xy^2 \cos x + 2xy \sin x - y^2 \mathrm{e}^x)\mathrm{d}x + (x^2 \sin x - 2y\mathrm{e}^x)\mathrm{d}y,$$

其中 L 为正向星形线 $x^{\frac{2}{3}} + y^{\frac{2}{3}} = a^{\frac{2}{3}}(a > 0)$.

7. 利用格林公式，计算曲线积分 $\oint_L (2x - y + 4)\mathrm{d}x + (5y + 3x - 6)\mathrm{d}y$，其中 L 为三顶点分别为 $(0,0),(3,0)$ 和 $(3,2)$ 的三角形正向边界.

8. 验证 $(3x^2 y + 8xy^2)\mathrm{d}x + (x^3 + 8x^2 y + 12y\mathrm{e}^y)\mathrm{d}y$ 在整个 xOy 平面内是某函数 $u(x,y)$ 的全微分，并求这样的一个 $u(x,y)$.

9. 验证曲线积分 $\int_{(1,0)}^{(2,1)} (2x\mathrm{e}^y - y)\mathrm{d}x + (x^2\mathrm{e}^y - x - 2y)\mathrm{d}y$ 与路径无关并计算积分值.

10. 证明当路径不过原点时，曲线积分 $\int_{(1,1)}^{(2,2)} \dfrac{x\mathrm{d}x + y\mathrm{d}y}{x^2 + y^2}$ 与路径无关，并计算积分值.

11. 利用曲线积分求椭圆 $\dfrac{x^2}{a^2} + \dfrac{y^2}{b^2} = 1$ 的面积.

12. 利用格林公式计算曲线积分 $\int_L (x^2 - y)\mathrm{d}x + (x + \sin^2 y)\mathrm{d}y$，其中 L 是圆周 $y = \sqrt{2x - x^2}$ 上由点 $(0,0)$ 到点 $(1,1)$ 的一段弧.

13. 利用曲线积分，求笛卡儿叶形线 $x^3 + y^3 = 3axy(a > 0)$ 的面积.

14. 计算曲线积分 $\oint_L \dfrac{y\mathrm{d}x - x\mathrm{d}y}{2(x^2 + y^2)}$，其中 L 是圆周 $(x-1)^2 + y^2 = 2$，L 的方向为逆时针方向.

15. 已知曲线积分 $\int_L (x + xy \sin x)\mathrm{d}x + \dfrac{f(x)}{x}\mathrm{d}y$ 与路径无关，$f(x)$ 是可微函数，且 $f\left(\dfrac{\pi}{2}\right) = 0$，求 $f(x)$.

16. 设在平面上有 $\boldsymbol{F} = \dfrac{x\boldsymbol{i} + y\boldsymbol{j}}{(x^2 + y^2)^{3/2}}$ 构成内场，求将单位质点从点 $(1,1)$ 移到点 $(2,4)$ 场力所做的功.

17. 已知曲线积分 $I = \oint_L y^3\mathrm{d}x + (3x - x^3)\mathrm{d}y$，其中 L 为 $x^2 + y^2 = R^2(R > 0)$ 逆时针方向曲线. (1) 当 R 为何值时，使 $I = 0$？(2) 当 R 为何值时，使 I 取得最大值？并求最大值.

18. 计算 $\int_L (x + 2xy)\mathrm{d}x + (x^2 + 2x + y^2)\mathrm{d}y$，其中 L 为由点 $A(4,0)$ 到点 $O(0,0)$ 的上半圆周 $x^2 + y^2 = 4x$.

19. 证明 $\int_L \dfrac{(3y-x)\mathrm{d}x+(y-3x)\mathrm{d}y}{(x+y)^3}$ 与路径无关，其中 L 不经过直线 $x+y=0$，且求 $\int_{(1,0)}^{(2,3)} \dfrac{(3y-x)\mathrm{d}x+(y-3x)\mathrm{d}y}{(x+y)^3}$ 的值.

20. 求圆锥 $z=\sqrt{x^2+y^2}\ (0\leqslant z\leqslant h)$ 的侧面关于 Oz 轴的转动惯量.

21. 选择 a,b 的值，使 $\dfrac{(y^2+2xy+ax^2)\mathrm{d}x-(x^2+2xy+by^2)\mathrm{d}y}{(x^2+y^2)^2}$ 为某个函数 $u(x,y)$ 的全微分，并求原函数 $u(x,y)$.

第四节　斯托克斯公式与三维保守场

一、斯托克斯公式及其意义

在上一节已经提到，二维场的电磁感应定律是格林公式的物理背景，三维场的电磁感应定律就是斯托克斯公式的物理背景. 为了介绍斯托克斯公式，先来规定空间中一条分段光滑的有向简单封闭曲线 L 与一个以 L 为边的有向分片光滑曲面 Σ 符合右手规则：当右手除拇指之外的四指指向 L 的方向时，拇指指向的一侧就是 Σ 的侧，则称 L 与 Σ 符合右手规则.

定理 4.1 (斯托克斯公式)　设 L 为分段光滑的空间有向闭曲线，Σ 是以 L 为边的分片光滑的有向曲面，L 与 Σ 符合右手规则，向量场 $\boldsymbol{F}(x,y,z)=(P(x,y,z),Q(x,y,z),R(x,y,z))$ 在曲面 Σ 上具有一阶连续偏导数，则有

$$\oint_L P\mathrm{d}x+Q\mathrm{d}y+R\mathrm{d}z=\iint_\Sigma\left(\frac{\partial R}{\partial y}-\frac{\partial Q}{\partial z}\right)\mathrm{d}y\wedge\mathrm{d}z+\left(\frac{\partial P}{\partial z}-\frac{\partial R}{\partial x}\right)\mathrm{d}z\wedge\mathrm{d}x+\left(\frac{\partial Q}{\partial x}-\frac{\partial P}{\partial y}\right)\mathrm{d}x\wedge\mathrm{d}y.$$

$$(4.1)$$

(4.1)可简记为

$$\oint_L P\mathrm{d}x+Q\mathrm{d}y+R\mathrm{d}z=\iint_\Sigma\begin{vmatrix} \mathrm{d}y\wedge\mathrm{d}z & \mathrm{d}z\wedge\mathrm{d}x & \mathrm{d}x\wedge\mathrm{d}y \\ \dfrac{\partial}{\partial x} & \dfrac{\partial}{\partial y} & \dfrac{\partial}{\partial z} \\ P & Q & R \end{vmatrix}.$$

斯托克斯公式的意义在于它将两种看似不相关的两类积分联系在一起. 由于不同类型的积分都有其物理背景，斯托克斯公式反映了不同物理量之间的关系. 后面我们还会利用斯托克斯公式得到一个简单的判断三维场是否为保守场的方法. 斯托克斯公式的另一个意义是简化计算，可以将不易计算的第二型曲线积分转化为第二型曲面积分来计算，也可以将第二型曲面积分化为第二型曲线积分进行计算.

例 4.1 利用斯托克斯公式计算曲线积分 $\oint_L z\mathrm{d}x + x\mathrm{d}y + y\mathrm{d}z$，其中 L 为平面 Σ：$x+y+z=1$ 被三个坐标面所截成的三角形的整个边，它的正向与这个三角形上侧的法向量之间符合右手规则.

解 Σ 的单位法向量 $\boldsymbol{n} = \dfrac{1}{3}(1,1,1)$，按斯托克斯公式，有

$$\oint_L P\mathrm{d}x + Q\mathrm{d}y + R\mathrm{d}z = \iint\limits_{\Sigma} \mathrm{d}y \wedge \mathrm{d}z + \mathrm{d}z \wedge \mathrm{d}x + \mathrm{d}x \wedge \mathrm{d}y$$

$$= \iint\limits_{\Sigma} (1,1,1) \cdot \frac{1}{3}(1,1,1)\mathrm{d}S = m(S) = \frac{3}{2}.$$

二、斯托克斯公式的证明

即证以下三个公式同时成立

$$\iint\limits_{\Sigma} \frac{\partial P}{\partial z}\mathrm{d}z \wedge \mathrm{d}x - \frac{\partial P}{\partial y}\mathrm{d}x \wedge \mathrm{d}y = \oint_L P(x,y,z)\mathrm{d}x, \tag{4.2}$$

$$\iint\limits_{\Sigma} \frac{\partial Q}{\partial x}\mathrm{d}x \wedge \mathrm{d}y - \frac{\partial Q}{\partial z}\mathrm{d}y \wedge \mathrm{d}z = \oint_L Q(x,y,z)\mathrm{d}y, \tag{4.3}$$

$$\iint\limits_{\Sigma} \frac{\partial R}{\partial y}\mathrm{d}y \wedge \mathrm{d}z - \frac{\partial R}{\partial x}\mathrm{d}z \wedge \mathrm{d}x = \oint_L R(x,y,z)\mathrm{d}z. \tag{4.4}$$

只证明(4.2), (4.3)与(4.4)可类似证明.

先假定 Σ 可投影到 xOy 面，即 Σ：$z = \varphi(x,y)$ $\in D_{xy}$，取上侧. Σ 的正向边界曲线 L，L 在 xOy 面上的投影为平面有向曲线 C，C 所围成的闭区域为 D_{xy}，如图 10.11 所示.

由统一投影法有

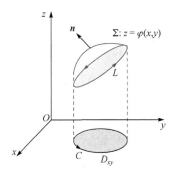

图 10.11

$$\iint\limits_{\Sigma} \frac{\partial P}{\partial z}\mathrm{d}z \wedge \mathrm{d}x - \frac{\partial P}{\partial y}\mathrm{d}x \wedge \mathrm{d}y = \iint\limits_{D_{xy}} \left[\frac{\partial P}{\partial z}(-\varphi_y) - \frac{\partial P}{\partial y}\right]\mathrm{d}x\mathrm{d}y$$

$$= -\iint\limits_{D_{xy}} \left(\frac{\partial P}{\partial y} + \frac{\partial P}{\partial z}\varphi_y\right)\mathrm{d}x\mathrm{d}y.$$

而

$$\oint_L P(x,y,z)\mathrm{d}x = \oint_C P(x,y,\varphi(x,y))\mathrm{d}x$$

$$\underline{\underline{\text{格林公式}}} -\iint\limits_{D_{xy}} \left(\frac{\partial P}{\partial y} + \frac{\partial P}{\partial z}\varphi_y\right)\mathrm{d}x\mathrm{d}y,$$

故

$$\iint\limits_{\Sigma} \frac{\partial P}{\partial z} \mathrm{d}z \wedge \mathrm{d}x - \frac{\partial P}{\partial y} \mathrm{d}x \wedge \mathrm{d}y = \oint_L P(x,y,z)\mathrm{d}x. \tag{4.5}$$

若 Σ 不可投影到 xOy 面, 则可将 Σ 用 Σ 上的曲线分为若干块, 使每一块都可以投影到 xOy 面上. 为了叙述简单起见, 设 Σ 可被其上面的曲线 L_0 分为两块 Σ_1, Σ_2, 都可以投影到 xOy 面. Σ_1, Σ_2 的边分别为 $L_1 + L_0, L_2 - L_0$, 且有 $L_1 + L_2 = L$, L_1, L_2 首尾相接. 由(4.5)得

$$\iint\limits_{\Sigma_1} \frac{\partial P}{\partial z} \mathrm{d}z \wedge \mathrm{d}x - \frac{\partial P}{\partial y} \mathrm{d}x \wedge \mathrm{d}y = \oint_{L_1+L_0} P(x,y,z)\mathrm{d}x, \tag{4.6}$$

$$\iint\limits_{\Sigma_2} \frac{\partial P}{\partial z} \mathrm{d}z \wedge \mathrm{d}x - \frac{\partial P}{\partial y} \mathrm{d}x \wedge \mathrm{d}y = \oint_{L_2-L_0} P(x,y,z)\mathrm{d}x. \tag{4.7}$$

(4.6), (4.7)两边相加即得(4.2).

同理可证(4.3), (4.4), 将(4.2), (4.3), (4.4)三式两边相加, 即得斯托克斯公式(4.1).

如果 Σ 是 xOy 面上的一块平面闭区域, 斯托克斯公式就变成格林公式. 因此, 格林公式是斯托克斯公式的一个特殊情形.

三、旋度与无旋场

由公式(1.5)可得

$$\int_L \boldsymbol{F}(\boldsymbol{r}) \cdot \mathrm{d}\boldsymbol{r} = \int_L \boldsymbol{F}(\boldsymbol{r}) \cdot \boldsymbol{\tau}(\boldsymbol{r}) \mathrm{d}L \quad \left(\boldsymbol{\tau}(\boldsymbol{r}) = \frac{\boldsymbol{r}'(t)}{|\boldsymbol{r}'(t)|} \right).$$

右边第一型曲线积分的被积函数 $\boldsymbol{F}(\boldsymbol{r}) \cdot \boldsymbol{\tau}(\boldsymbol{r})$ 为被积函数 $\boldsymbol{F}(\boldsymbol{r})$ 沿曲线方向上的投影, 因此有向曲线 L 上的第二型 $\int_L \boldsymbol{F}(\boldsymbol{r}) \cdot \mathrm{d}\boldsymbol{r}$ 可以看成计算 " $\boldsymbol{F}(\boldsymbol{r})$ 在曲线 L 上分布了多少". 特别地, 当曲线 L 为封闭曲线时, 称 $\oint_L \boldsymbol{F}(\boldsymbol{r}) \cdot \mathrm{d}\boldsymbol{r}$ 为沿 L 的"环量", $\boldsymbol{F}(\boldsymbol{r}) \cdot \boldsymbol{\tau}(\boldsymbol{r})$ 就是"环量密度".

称向量 $\left(\dfrac{\partial R}{\partial y} - \dfrac{\partial Q}{\partial z}, \dfrac{\partial P}{\partial z} - \dfrac{\partial R}{\partial x}, \dfrac{\partial Q}{\partial x} - \dfrac{\partial P}{\partial y} \right)$ 为向量场 $\boldsymbol{F}(\boldsymbol{r})$ 的"旋度", 记为 rot $\boldsymbol{F}$, 即

$$\mathrm{rot}\, \boldsymbol{F} = \left(\frac{\partial R}{\partial y} - \frac{\partial Q}{\partial z}, \frac{\partial P}{\partial z} - \frac{\partial R}{\partial x}, \frac{\partial Q}{\partial x} - \frac{\partial P}{\partial y} \right),$$

也可表示为

$$\text{rot } \boldsymbol{F} = \begin{vmatrix} \boldsymbol{i} & \boldsymbol{j} & \boldsymbol{k} \\ \dfrac{\partial}{\partial x} & \dfrac{\partial}{\partial y} & \dfrac{\partial}{\partial z} \\ P & Q & R \end{vmatrix}.$$

这样斯托克斯公式可为

$$\oint_L \boldsymbol{F}(\boldsymbol{r}) \cdot \mathrm{d}\boldsymbol{r} = \iint_\Sigma \text{rot } \boldsymbol{F} \cdot \mathrm{d}\boldsymbol{S}. \tag{4.8}$$

为什么 rot $\boldsymbol{F}$ 称为 $\boldsymbol{F}(\boldsymbol{r})$ 的旋度呢? 来看下面的例.

例 4.2 一质点在 xOy 面内绕 z 轴(即绕坐标原点)以角速度 ω 旋转, 旋转半径为 R, 求其线速度的旋度.

解 设角速度的大小为 ω, 则 $\boldsymbol{\omega} = \omega(0,0,1)$. 在时刻 t 质点的位置为

$$\boldsymbol{F} = (R\cos\omega t, R\sin\omega t, 0),$$

所以质点的线速度为

$$\boldsymbol{v} = (-\omega R\sin\omega t, \omega R\cos\omega t, 0) = \omega(-y, x, 0),$$

线速度的旋度为

$$\text{rot } \boldsymbol{v} = \begin{vmatrix} \boldsymbol{i} & \boldsymbol{j} & \boldsymbol{k} \\ \dfrac{\partial}{\partial x} & \dfrac{\partial}{\partial y} & \dfrac{\partial}{\partial z} \\ -\omega y & \omega x & 0 \end{vmatrix} = 2\omega(0,0,1) = 2\boldsymbol{\omega},$$

即做圆周运动的质点其速度的旋度为其角速度的两倍.

斯托克斯公式(4.8)又可以叙述为: 向量场 $\boldsymbol{F}$ 沿封闭曲线 L 的环量等于向量场 $\boldsymbol{F}$ 的旋度场 rot $\boldsymbol{F}$ 通过 L 所张成的曲面 Σ 的通量.

称旋度为零的向量场为**无旋场**.

例 4.3 证明具有二阶连续偏导数的三元函数 $u(x,y,z)$ 的梯度场 ∇u 是无旋场.

证明 因为梯度场 ∇u 的旋度为

$$\nabla \times (\nabla u) = \nabla \times (u_x, u_y, u_z)$$

$$= \left(\frac{\partial u_z}{\partial y} - \frac{\partial u_y}{\partial z}, \frac{\partial u_x}{\partial z} - \frac{\partial u_z}{\partial x}, \frac{\partial u_y}{\partial x} - \frac{\partial u_x}{\partial y} \right)$$

$$= (u_{zy} - u_{yz}, u_{xz} - u_{zx}, u_{yx} - u_{xy}) = \boldsymbol{0},$$

所以三元函数 $u(x,y,z)$ 的梯度场 ∇u 是无旋场.

四、三维保守场的判定

为了得到判断三维场是否为保守场的判定定理, 引入三维向量场的原函数(位函数、势函数)的概念.

定义 4.1 (原函数的概念)　对于三维场 $\boldsymbol{F} = (P(x,y,z), Q(x,y,z), R(x,y,z))$，若存在三元可微函数 $u(x,y,z)$ 使得 $u'(x,y,z) = \left(\dfrac{\partial u}{\partial x}, \dfrac{\partial u}{\partial y}, \dfrac{\partial u}{\partial z} \right) = \boldsymbol{F} = (P(x,y,z), Q(x,y,z), R(x,y,z))$，则称 $u(x,y,z)$ 为 $\boldsymbol{F}$ 的一个**原函数**，也称 $u(x,y,z)$ 为 $\boldsymbol{F}$ 的**位函数**、**势函数**，称 $\boldsymbol{F}$ 为**位场**、**有势场**.

定理 4.2　设区域 Ω 是单连通的区域，三维场 $\boldsymbol{F} = (P(x,y,z), Q(x,y,z), R(x,y,z)) \in C^{(1)}(\Omega)$，则以下四个结论等价：

(1) 曲线积分 $\displaystyle\int_L \boldsymbol{F}(\boldsymbol{r}) \cdot \mathrm{d}\boldsymbol{r}$ 在 Ω 内与路径无关($\boldsymbol{F}$ 为保守场)；

(2) $\boldsymbol{F}$ 在 Ω 内有原函数($\boldsymbol{F}$ 是有势场、位场)；

(3) 在 Ω 内 $\operatorname{rot} \boldsymbol{F} = \boldsymbol{0}$；

(4) 对任意一条 Ω 内分段光滑的封闭曲线 L，有 $\displaystyle\int_L \boldsymbol{F}(\boldsymbol{r}) \cdot \mathrm{d}\boldsymbol{r} = 0$.

定理 4.2 的证明与定理 3.2 类似，读者可以自己完成.

对于二维场，$\operatorname{rot} \boldsymbol{F} = \boldsymbol{0}$ 就相当于 $\dfrac{\partial Q}{\partial x} - \dfrac{\partial P}{\partial y} = 0$，所以定理 3.1 可视为定理 4.1 的一种特例.

显然，对于单连通区域内的三维场，判断一个场 $\boldsymbol{F}$ 是否为保守场(有势场、位场)由是否 $\operatorname{rot} \boldsymbol{F} = \boldsymbol{0}$ 来判定是最容易的. $\operatorname{rot} \boldsymbol{F} = \boldsymbol{0}$ 时，即 $\boldsymbol{F}$ 为无旋场，所以保守场也是无旋场. 当 $\boldsymbol{F}$ 为保守场(有势场、位场)时，有原函数 $u(x,y,z)$ 使得

$$u'(x,y,z) = \left(\frac{\partial u}{\partial x}, \frac{\partial u}{\partial y}, \frac{\partial u}{\partial z} \right) = \boldsymbol{F} = (P(x,y,z), Q(x,y,z), R(x,y,z))$$

或者

$$\mathrm{d}u(x,y,z) = P(x,y,z)\mathrm{d}x + Q(x,y,z)\mathrm{d}y + R(x,y,z)\mathrm{d}z,$$

即 $P(x,y,z)\mathrm{d}x + Q(x,y,z)\mathrm{d}y + R(x,y,z)\mathrm{d}z$ 为某个三元函数的全微分. 可以证明，若 $\boldsymbol{F}$ 有一个原函数，则有无穷多个原函数，且任意两个原函数之间只相差一个常数，且有如下的公式：

$$\int_{(x_1,y_1)}^{(x_2,y_2)} \boldsymbol{F}(\boldsymbol{r}) \cdot \mathrm{d}\boldsymbol{r} = u(x_2,y_2,z_2) - u(x_1,y_1,z_1) = u(x,y,z) \Big|_{(x_1,y_1,z_1)}^{(x_2,y_2,z_2)},$$

其中 $(x_1,y_1,z_1), (x_2,y_2,z_2)$ 分别为积分曲线 L 的起点和终点. $\boldsymbol{F} = (P(x,y), Q(x,y), R(x,y,z))$ 的原函数可通过公式

$$u(x,y,z) = \int_{(x_0,y_0)}^{(x,y)} \boldsymbol{F}(\boldsymbol{r}) \cdot \mathrm{d}\boldsymbol{r} \tag{4.9}$$

来计算，计算时积分路径可选分别平行于三个坐标轴的直线构成的折线.

例 4.4　证明三维场 $\boldsymbol{F} = (3y + 2z, 3x + z, 2x + y)$ 为无旋场，并求其原函数.

解 因为

$$\operatorname{rot} \boldsymbol{F} = \begin{vmatrix} \boldsymbol{i} & \boldsymbol{j} & \boldsymbol{k} \\ \dfrac{\partial}{\partial x} & \dfrac{\partial}{\partial y} & \dfrac{\partial}{\partial z} \\ 3y+2z & 3x+z & 2x+y \end{vmatrix} = (1-1,2-2,3-3) = \boldsymbol{0},$$

所以 $\boldsymbol{F} = (3y+2z, 3x+z, 2x+y)$ 为无旋场, 其原函数为

$$\begin{aligned}
u(x,y,z) &= \int_{(0,0,0)}^{(x,y,z)} \boldsymbol{F}(\boldsymbol{r}) \cdot \mathrm{d}\boldsymbol{r} + C \\
&= \int_{(0,0,0)}^{(x,y,z)} (3t+2v)\mathrm{d}s + (3s+v)\mathrm{d}t + (2s+t)\mathrm{d}v + C \\
&= \int_0^x 0\,\mathrm{d}s + \int_0^y 3x\,\mathrm{d}t + \int_0^z (2x+y)\mathrm{d}v + C \\
&= 3xy + (2x+y)z + C.
\end{aligned}$$

习 题 10.4

1. 利用斯托克斯公式计算曲线积分 $\oint_{\Gamma} y\mathrm{d}x + z\mathrm{d}y + x\mathrm{d}z$, 其中 Γ 为圆周, $x^2+y^2+z^2=a^2$, $x+y+z=0$, 若从 x 轴正向看去, 该圆周取逆时针方向.

2. 证明 $\oint_{\Gamma} y^2\mathrm{d}x + xy\mathrm{d}y + xz\mathrm{d}z = 0$, 其中 Γ 为圆柱面 $x^2+y^2=2y$ 与 $y=z$ 的交线.

3. 求向量场 $\boldsymbol{a} = (x-y)\boldsymbol{i} + (x^3+yz)\boldsymbol{j} - 3xy^2\boldsymbol{k}$, 其中 Γ 为圆周 $z=2-\sqrt{x^2+y^2}, z=0$.

4. 求向量场 $\boldsymbol{a} = (z+\sin y)\boldsymbol{i} - (z-x\cos y)\boldsymbol{j}$ 的旋度.

5. 计算 $\oint_{\Gamma} (y^2-z^2)\mathrm{d}x + (z^2-x^2)\mathrm{d}y + (x^2-y^2)\mathrm{d}z$, 其中 Γ 为用平面 $x+y+z=\dfrac{3}{2}$ 切立方体 $0 \leqslant x \leqslant a, 0 \leqslant y \leqslant a, 0 \leqslant z \leqslant a$ 的表面所得切痕, 若从 Ox 轴的正向看去为逆时针方向.

6. 利用斯托克斯公式计算曲线积分 $\oint_{\Gamma} (x^2-yz)\mathrm{d}x + (y^2-xz)\mathrm{d}y + (z^2-xy)\mathrm{d}z$, 其中 L 是螺旋线 $x=a\cos t, y=a\sin t, z=\dfrac{h}{2\pi}t$, 从 $A(0,0,0)$ 到 $B(a,0,h)$ 的一段.

第五节 高 斯 公 式

一、高斯公式及其意义

设想在区域 Ω(二维或三维区域)内有某种量在运动, 这种量既不会增加也不会减少, 是 "守恒" 的. 考察 Ω 内的一个有界闭区域 V, 在单位时间内从 V 的边界

∂V (分片光滑)流出了总量为 W 的量, 由于这种量是守恒的, V 的内部就会减少 W 的量. 那么这样的"守恒原理"在数学上如何表达呢?

设该量运动的速度为 $v(x,y,z)=(P(x,y,z),Q(x,y,z),R(x,y,z))$, 则在单位时间内从边界 ∂V 流出的量为

$$W = \iint\limits_{\partial V^+} v(x,y,z)\cdot \mathrm{d}\mathbf{S}. \tag{5.1}$$

现在来研究 V 的内部减少的量 W 如何用积分来表达. 在 V 的内部取一个长方形的典型单元 $\mathrm{d}V$, 边长分别为 $\mathrm{d}x,\mathrm{d}y,\mathrm{d}z$, 有前、后、左、右、上、下六个面, 如图 10.12 所示. 由于沿 x 轴方向上的速度 $P(x,y,z)$ 引起 $\mathrm{d}V$ 内部减少的量应该等于从前面流出的量减去从后面流进的量, 因此

$$\mathrm{d}W_x = [P(x+\Delta x,y,z)-P(x,y,z)]\Delta y\Delta z \approx \frac{\partial P}{\partial x}\Delta x\Delta y\Delta z.$$

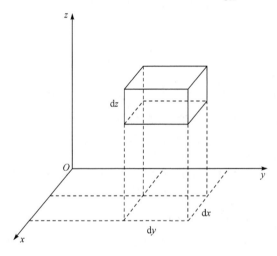

图 10.12

同理可得

$$\mathrm{d}W_y \approx \frac{\partial Q}{\partial y}\Delta x\Delta y\Delta z, \quad \mathrm{d}W_z \approx \frac{\partial R}{\partial z}\Delta x\Delta y\Delta z.$$

所以单位时间内 $\mathrm{d}V$ 内部减少的量为

$$\mathrm{d}W \approx \left(\frac{\partial P}{\partial x}+\frac{\partial Q}{\partial y}+\frac{\partial R}{\partial z}\right)\Delta x\Delta y\Delta z,$$

故

$$\mathrm{d}W = \left(\frac{\partial P}{\partial x} + \frac{\partial Q}{\partial y} + \frac{\partial R}{\partial z}\right)\mathrm{d}x\mathrm{d}y\mathrm{d}z,$$

从而

$$W = \iiint\limits_{V}\left(\frac{\partial P}{\partial x} + \frac{\partial Q}{\partial y} + \frac{\partial R}{\partial z}\right)\mathrm{d}x\mathrm{d}y\mathrm{d}z = \iiint\limits_{V}\left(\frac{\partial P}{\partial x} + \frac{\partial Q}{\partial y} + \frac{\partial R}{\partial z}\right)\mathrm{d}V. \tag{5.2}$$

由(5.1)及(5.2)得

$$\oiint\limits_{\partial V^{+}} \boldsymbol{v}(\boldsymbol{r})\cdot\mathrm{d}\boldsymbol{S} = \iiint\limits_{V}\left(\frac{\partial P}{\partial x} + \frac{\partial Q}{\partial y} + \frac{\partial R}{\partial z}\right)\mathrm{d}V, \tag{5.3}$$

(5.3)即关于流速场 $\boldsymbol{v}$ 的"高斯公式".

对于一般的三维向量场, 有如下的定理.

定理 5.1 (高斯公式) 设区域 Ω 内的三维场 $\boldsymbol{F}(x,y,z) = (P(x,y,z), Q(x,y,z), R(x,y,z)) \in C^{(1)}$, 对于 Ω 内任一具有分片光滑边界的有界闭区域 V, 有

$$\oiint\limits_{\partial V^{+}} \boldsymbol{F}(\boldsymbol{r})\cdot\mathrm{d}\boldsymbol{S} = \iiint\limits_{V}\left(\frac{\partial P}{\partial x} + \frac{\partial Q}{\partial y} + \frac{\partial R}{\partial z}\right)\mathrm{d}V. \tag{5.4}$$

高斯公式反应的是"守恒"的普遍原理, 也就是说任何一种"守恒"的量都会满足高斯公式, 所以有广泛的应用.

二、高斯公式的证明

其实只要认可"守恒"律, 前面推导公式(5.2)的过程即高斯公式的证明过程, 当然也可以通过将高斯公式(5.4)的两边积分都转化为二重积分来证明, 因为只要两边的二重积分相等, 则高斯公式成立.

证明

$$\oiint\limits_{\partial V^{+}} R\mathrm{d}x \wedge \mathrm{d}y = \iiint\limits_{V}\frac{\partial R}{\partial z}\mathrm{d}V, \tag{5.5}$$

可类似地证明

$$\oiint\limits_{\partial V^{+}} P\mathrm{d}y \wedge \mathrm{d}z = \iiint\limits_{V}\frac{\partial P}{\partial x}\mathrm{d}V, \qquad \oiint\limits_{\partial V^{+}} Q\mathrm{d}z \wedge \mathrm{d}x = \iiint\limits_{V}\frac{\partial Q}{\partial y}\mathrm{d}V. \tag{5.6}$$

这些结果相加便得到了高斯公式(5.4). 下面就区域 V 分三种情况来证明(5.5)成立.

(1) 设 V 是一个单连通的 z-**型区域**(任一个与 z 轴平行的直线与区域边界的交点最多有两个), 即 V 的边界 ∂V 可分为上、下两个曲面 S_2, S_1 及平行于 z 轴的柱面 S_3, 上、下两个曲面可分别表示为

$$S_2 : z = z_2(x,y), \quad (x,y) \in D_{xy},$$
$$S_1 : z = z_1(x,y), \quad (x,y) \in D_{xy}.$$

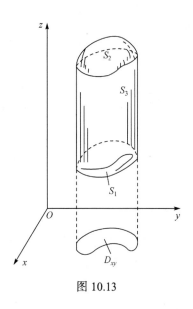

图 10.13

如图 10.13 所示, 其中 $z_1(x,y) \leqslant z_2(x,y)$. 于是按三重积分的计算方法有

$$\iiint\limits_{V} \frac{\partial R}{\partial z} \mathrm{d}x\mathrm{d}y\mathrm{d}z = \iint\limits_{D_{xy}} \mathrm{d}x\mathrm{d}y \int_{z_1(x,y)}^{z_2(x,y)} \frac{\partial R}{\partial z} \mathrm{d}z$$

$$= \iint\limits_{D_{xy}} (R(x,y,z_2(x,y)) - R(x,y,z_1(x,y)))\mathrm{d}x\mathrm{d}y$$

$$= \iint\limits_{D_{xy}} R(x,y,z_2(x,y))\mathrm{d}x\mathrm{d}y - \iint\limits_{D_{xy}} R(x,y,z_1(x,y))\mathrm{d}x\mathrm{d}y$$

$$= \iint\limits_{S_2} R(x,y,z)\mathrm{d}x\mathrm{d}y - \iint\limits_{S_1} R(x,y,z)\mathrm{d}x\mathrm{d}y$$

$$= \iint\limits_{S_2} R(x,y,z)\mathrm{d}x\mathrm{d}y + \iint\limits_{-S_1} R(x,y,z)\mathrm{d}x\mathrm{d}y,$$

其中 S_1, S_2 都取上侧. 又由于 S_3 在 xOy 平面上投影区域的面积为零, 所以

$$\iint\limits_{S_3} R(x,y,z)\mathrm{d}x\mathrm{d}y = 0.$$

因此

$$\iiint\limits_{V} \frac{\partial R}{\partial z} \mathrm{d}x\mathrm{d}y\mathrm{d}z = \iint\limits_{S_2} R\mathrm{d}x\mathrm{d}y + \iint\limits_{-S_1} R\mathrm{d}x\mathrm{d}y + \iint\limits_{S_3} R\mathrm{d}x\mathrm{d}y = \oiint\limits_{S} R\mathrm{d}x\mathrm{d}y.$$

(2) 设 V 是一个单连通区域, 但不是 z- 型区域. 为简单计, 设可用一个可投影到 xOy 平面的光滑曲面 Σ_0 将它分割成上、下两个 xOy 型区域 V_2, V_1, 如图 10.14 所示, 其中 Σ_0 取上侧, Σ_2 及 Σ_1 对应于 V 的外侧, 则 $\partial V_2^+ = \Sigma_2 - \Sigma_0, \partial V_1^+ = \Sigma_0 + \Sigma_1$. 在(1)中已证明在 V_2, V_1 上(5.5)成立, 所以有

$$\oiint\limits_{\Sigma_2 - \Sigma_0} R\mathrm{d}x \wedge \mathrm{d}y = \oiint\limits_{\partial V_2^+} R\mathrm{d}x \wedge \mathrm{d}y = \iiint\limits_{V_2} \frac{\partial R}{\partial z} \mathrm{d}V,$$

$$\oiint\limits_{\Sigma_0 - \Sigma_1} R\mathrm{d}x \wedge \mathrm{d}y = \oiint\limits_{\partial V_1^+} R\mathrm{d}x \wedge \mathrm{d}y = \iiint\limits_{V_1} \frac{\partial R}{\partial z} \mathrm{d}V,$$

所以

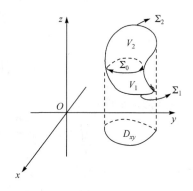

图 10.14

$$\oiint_{\partial V^+} R\mathrm{d}x \wedge \mathrm{d}y = \oiint_{\Sigma_1+\Sigma_2} R\mathrm{d}x \wedge \mathrm{d}y = \oiint_{\Sigma_1+\Sigma_0+\Sigma_2-\Sigma_0} R\mathrm{d}x \wedge \mathrm{d}y$$

$$= \oiint_{\Sigma_0+\Sigma_1} R\mathrm{d}x \wedge \mathrm{d}y + \oiint_{\Sigma_2-\Sigma_0} R\mathrm{d}x \wedge \mathrm{d}y$$

$$= \iiint_{V_1} \frac{\partial R}{\partial z}\mathrm{d}V + \iiint_{V_2} \frac{\partial R}{\partial z}\mathrm{d}V$$

$$= \iiint_{V} \frac{\partial R}{\partial z}\mathrm{d}V,$$

即公式(5.5)成立.

(3) 设区域 V 是一个复连通区域. 为简单计, 不妨设其内部只有一个"洞", 区域被曲面 Σ_0 分割成两个单连通的区域 V_1, V_2, 如图 10.15 所示, 且 $\partial V_1^+ = \Sigma_1 + \Sigma_0 - S_1$, $\partial V_2^+ = \Sigma_2 - \Sigma_0 - S_2$. 由于 V_1, V_2 均为单连通区域, (2)中已证明(5.5)成立, 所以

$$\oiint_{\partial V^+} R\mathrm{d}x \wedge \mathrm{d}y = \oiint_{\Sigma_1-S_1+\Sigma_0+\Sigma_2-S_2-\Sigma_0} R\mathrm{d}x \wedge \mathrm{d}y$$

$$= \oiint_{\Sigma_1-S_1+\Sigma_0} R\mathrm{d}x \wedge \mathrm{d}y + \oiint_{\Sigma_2-S_2-\Sigma_0} R\mathrm{d}x \wedge \mathrm{d}y$$

$$= \oiint_{\partial V_1^+} R\mathrm{d}x \wedge \mathrm{d}y + \oiint_{\partial V_2^+} R\mathrm{d}x \wedge \mathrm{d}y$$

$$= \iiint_{V_1} \frac{\partial R}{\partial z}\mathrm{d}V + \iiint_{V_2} \frac{\partial R}{\partial z}\mathrm{d}V = \iiint_{V} \frac{\partial R}{\partial z}\mathrm{d}V,$$

即公式(5.5)成立.

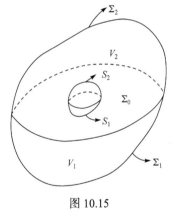

图 10.15

三、高斯公式的应用

高斯公式将两种不同的积分联系在一起, 可以将计算复杂的第二型曲线积分转化为三重积分来计算.

例 5.1 利用高斯公式计算曲面积分 $\displaystyle\oiint_{\Sigma}(x-y)\mathrm{d}x \wedge \mathrm{d}y + (y-z)x\mathrm{d}y \wedge \mathrm{d}z$, 其中 Σ 为柱面 $x^2+y^2=1$ 及平面 $z=0, z=3$ 所围成的闭区域 V 的整个边界曲面的外侧.

解 令 $P=(y-z)x, Q=0, R=x-y$, 所以

$$\oiint_{\Sigma}(x-y)\mathrm{d}x \wedge \mathrm{d}y + (y-z)x\mathrm{d}y \wedge \mathrm{d}z$$

$$\xlongequal{\text{高斯公式}} \iiint_{V}\left[\frac{\partial(x(y-z))}{\partial x} + \frac{\partial 0}{\partial y} + \frac{\partial(x-y)}{\partial z}\right]\mathrm{d}V$$

$$= \iiint\limits_V (y - z)\mathrm{d}V$$

$$\underline{\underline{\text{柱面坐标}}} \iiint\limits_V (\rho \sin\theta - z)\rho\mathrm{d}\rho\mathrm{d}\theta\mathrm{d}z$$

$$= \int_0^{2\pi}\mathrm{d}\theta\int_0^1 \rho\mathrm{d}\rho\int_0^3 (\rho\sin\theta - z)\mathrm{d}z = -\frac{9\pi}{2}.$$

例 5.2　计算曲面积分 $\iint\limits_\Sigma (x^2\cos\alpha + y^2\cos\beta + z^2\cos\gamma)\mathrm{d}S$, 其中 Σ 为锥面 $x^2 + y^2$ $= z^2$ 介于平面 $z = 0$ 及 $z = h(h > 0)$ 之间的部分的下侧, $\cos\alpha, \cos\beta, \cos\gamma$ 是 Σ 上点 (x, y, z) 处的法向量的方向余弦.

解　设 Σ_1 为 $z = h(x^2 + y^2 \leqslant h^2)$ 的上侧, 则 Σ 与 Σ_1 一起构成一个闭曲面, 记它们围成的空间闭区域为 V, 有

$$\iint\limits_\Sigma (x^2\cos\alpha + y^2\cos\beta + z^2\cos\gamma)\mathrm{d}S$$

$$= \iint\limits_\Sigma (x^2, y^2, z^2)\cdot(\cos\alpha, \cos\beta, \cos\gamma)\mathrm{d}S$$

$$= \iint\limits_\Sigma (x^2, y^2, z^2)\cdot\mathrm{d}\boldsymbol{S}$$

$$= \iint\limits_{\Sigma+\Sigma_1} (x^2, y^2, z^2)\cdot\mathrm{d}\boldsymbol{S} - \iint\limits_{\Sigma_1} x^2\mathrm{d}y\wedge\mathrm{d}z + y^2\mathrm{d}z\wedge\mathrm{d}x + z^2\mathrm{d}x\wedge\mathrm{d}y$$

$$\underline{\underline{\text{高斯公式}}} \iiint\limits_V (2x + 2y + 2z)\mathrm{d}V - \iint\limits_{\Sigma_1} z^2\mathrm{d}x\wedge\mathrm{d}y$$

$$= \iiint\limits_V 2z\mathrm{d}V - \iint\limits_{x^2+y^2\leqslant h^2} h^2\mathrm{d}D$$

$$= 2\iint\limits_{x^2+y^2\leqslant h^2} \mathrm{d}x\mathrm{d}y\int_{\sqrt{x^2+y^2}}^h z\mathrm{d}z - \pi h^4$$

$$= \iint\limits_{x^2+y^2\leqslant h^2} (h^2 - x^2 - y^2)\mathrm{d}x\mathrm{d}y - \pi h^4$$

$$= -\frac{1}{2}\pi h^4.$$

例 5.3　证明阿基米德浮力定理: 液体中物体受到的浮力等于其所排开液体的重量(所受重力的大小) W.

证明　设液体的密度为 ρ, 所占区域为 V, 液面的方程为 $z = z_0$. 物体表面上的压强为 $(z - z_0)\rho g$, g 为重力加速度的大小. 设 ∂V 是分片光滑的, 在 ∂V 上删

去一个微元 $\mathrm{d}S$, 则 $\mathrm{d}S$ 上受到的压力为 $\mathrm{d}\boldsymbol{F} = -(z_0 - z)\rho g \boldsymbol{n}\mathrm{d}S$, $\boldsymbol{n}$ 为 ∂V 的单位外法向量, V 为表面 ∂V 上受到的压力, 即物体受到的浮力为

$$\boldsymbol{F} = \oiint\limits_{\partial V} -(z_0 - z)\rho g \boldsymbol{n}\mathrm{d}S,$$

其中

$$
\begin{aligned}
F_x &= \oiint\limits_{\partial V} -(z_0 - z)\rho g \cos\alpha\,\mathrm{d}S \\
&= \oiint\limits_{\partial V} (-(z_0 - z)\rho g, 0, 0) \cdot (\cos\alpha, \cos\beta, \cos\gamma)\mathrm{d}S \\
&= \oiint\limits_{\partial V^+} (-(z_0 - z)\rho g, 0, 0) \cdot \mathrm{d}\boldsymbol{S} \\
&\xlongequal{\text{高斯公式}} \iiint\limits_V \rho g \frac{\partial(z - z_0)}{\partial x}\mathrm{d}V = 0,
\end{aligned}
$$

$$
\begin{aligned}
F_y &= \oiint\limits_{\partial V} -(z_0 - z)\rho g \cos\beta\,\mathrm{d}S \\
&= \oiint\limits_{\partial V} (0, -(z_0 - z)\rho g, 0) \cdot (\cos\alpha, \cos\beta, \cos\gamma)\mathrm{d}S \\
&= \oiint\limits_{\partial V^+} (0, -(z_0 - z)\rho g, 0) \cdot \mathrm{d}\boldsymbol{S} \\
&\xlongequal{\text{高斯公式}} \iiint\limits_V \rho g \frac{\partial(z - z_0)}{\partial y}\mathrm{d}V = 0,
\end{aligned}
$$

$$
\begin{aligned}
F_z &= \oiint\limits_{\partial V} -(z_0 - z)\rho g \cos\gamma\,\mathrm{d}S \\
&= \oiint\limits_{\partial V} (0, 0, -(z_0 - z)\rho g) \cdot (\cos\alpha, \cos\beta, \cos\gamma)\mathrm{d}S \\
&= \oiint\limits_{\partial V^+} (0, 0, -\rho g(z_0 - z)) \cdot \mathrm{d}\boldsymbol{S} \\
&\xlongequal{\text{高斯公式}} \iiint\limits_V \rho g \frac{\partial(z - z_0)}{\partial z}\mathrm{d}V \\
&= \iiint\limits_V \rho g\mathrm{d}V,
\end{aligned}
$$

所以

$$\boldsymbol{F} = \left(0, 0, \iiint\limits_V \rho g\mathrm{d}V\right).$$

F 的大小为 $|F| = \left\| \left(0,0,\iiint_V \rho g \mathrm{d}V \right) \right\| = \iiint_V \rho g \mathrm{d}V = W$，即物体所排开液体的重量.

还可以将高斯公式推广到二维向量场.

定理 5.2（二维场的高斯公式）　设区域 Ω 内的二维场 $F(x,y) = (P(x,y),Q(x,y)) \in C^{(1)}$，对于 Ω 内任一具有分段光滑边界的有界闭区域 D，有

$$\oint_{\partial D^+} F(r) \cdot \mathrm{d}S = \iint_D \left(\frac{\partial P}{\partial x} + \frac{\partial Q}{\partial y} \right) \mathrm{d}D,$$

其中 $\mathrm{d}S = n\mathrm{d}S$，$\partial D^+$ 取外法线方向，n 是外法线方向上的单位向量.

例 5.4　由二维场的高斯公式证明格林公式.

证明　设 ∂D^+ 切线方向上的单位向量为 $\tau = (\cos\alpha, \cos\beta)$，则其外法线方向上的单位向量 $n = (\cos\beta, -\cos\alpha)$，所以

$$\begin{aligned}
\oint_{\partial D^+} F(r) \cdot \mathrm{d}r &= \oint_{\partial D^+} F(r) \cdot \tau \mathrm{d}S \\
&= \oint_{\partial D^+} (P(x,y),Q(x,y)) \cdot (\cos\alpha,\cos\beta)\mathrm{d}S \\
&= \oint_{\partial D^+} (Q(x,y),-P(x,y)) \cdot (\cos\beta,-\cos\alpha)\mathrm{d}S \\
&= \oint_{\partial D^+} (Q(x,y),-P(x,y)) \cdot \mathrm{d}S \\
&\xlongequal{\text{高斯公式}} \iint_D \left(\frac{\partial Q}{\partial y} - \frac{\partial P}{\partial x} \right)\mathrm{d}D,
\end{aligned}$$

即格林公式成立.

四、散度与无散场

空间中某种量在运动的过程中在某些点处及其附近可能是"扩散的"，也可能是"收缩的". 为了了解这样的"扩散"(或"收缩")能力，下面来计算向量场 F 在一个点处的"单位体积扩散量". 在区域 Ω 内任取一个点 r_0，以 r_0 为球心取一个半径为 ε 的球 B，则在 r_0 处"单位体积扩散量"(即内部减少的量)的近似值为 $\frac{1}{m(B)} \iiint_B \left(\frac{\partial P}{\partial x} + \frac{\partial Q}{\partial y} + \frac{\partial R}{\partial z} \right)\mathrm{d}B$，精确值为

$$\lim_{\varepsilon \to 0^+} \frac{1}{m(B)} \iiint_B \left(\frac{\partial P}{\partial x} + \frac{\partial Q}{\partial y} + \frac{\partial R}{\partial z} \right)\mathrm{d}B$$

$$\xlongequal{\text{积分中值定理}} \lim_{\varepsilon \to 0} \frac{1}{m(B)} \left(\frac{\partial P}{\partial x} + \frac{\partial Q}{\partial y} + \frac{\partial R}{\partial z} \right)\bigg|_{(\xi,\eta,\zeta)} m(B) \quad ((\xi,\eta,\zeta) \in B)$$

$$= \frac{\partial P}{\partial x} + \frac{\partial Q}{\partial y} + \frac{\partial R}{\partial z},$$

可见 $\frac{\partial P}{\partial x} + \frac{\partial Q}{\partial y} + \frac{\partial R}{\partial z}$ 正好反映了 $\boldsymbol{F}$ 在一个点处的"扩散能力",所以有如下定义.

定义 5.1 称 $\frac{\partial P}{\partial x} + \frac{\partial Q}{\partial y} + \frac{\partial R}{\partial z}$ 为 $\boldsymbol{F}$ 的"散度",记为 $\operatorname{div} \boldsymbol{F}$ 或 $\nabla \cdot \boldsymbol{F}$,即

$$\operatorname{div} \boldsymbol{F} = \frac{\partial P}{\partial x} + \frac{\partial Q}{\partial y} + \frac{\partial R}{\partial z}.$$

同样,二维场 $\boldsymbol{F} = (P(x,y), Q(x,y))$ 的散度定义为 $\operatorname{div} \boldsymbol{F} = \frac{\partial P}{\partial x} + \frac{\partial Q}{\partial y}$.

若 $\operatorname{div} \boldsymbol{F} = 0$,则称 $\boldsymbol{F}$ 为**无散场**.

有了散度的概念后,二维场与三维场的高斯公式统一为

$$\oint_{\partial \Omega^+} \boldsymbol{F}(\boldsymbol{r}) \cdot \mathrm{d}\boldsymbol{s} = \int_\Omega \operatorname{div} \boldsymbol{F} \mathrm{d}\Omega.$$

在多元函数微积分学的部分曾经引入过**梯度**的概念,这里又介绍了向量场的"旋度"与"散度",它们都是对函数进行运算,所以都有自己的运算律及相互结合后的运算律,读者可以自己进行研究. 对于一个二元函数 u,进行运算

$$\nabla \cdot (\nabla u) = \nabla^2 u = \frac{\partial^2 u}{\partial x^2} + \frac{\partial^2 u}{\partial y^2},$$

称 $\nabla^2 = \frac{\partial^2}{\partial x^2} + \frac{\partial^2}{\partial y^2}$ 为二元函数的**拉普拉斯算符**,直角坐标系下可记为 Δ. 同样有

三元函数的**拉普拉斯算符** $\Delta = \frac{\partial^2 u}{\partial x^2} + \frac{\partial^2 u}{\partial y^2} + \frac{\partial^2 u}{\partial z^2}$.

例 5.5 设二元函数 $u, v \in C^{(2)}$,有界闭区域 D 的边界 ∂D 分段光滑,$\boldsymbol{n}$ 为 ∂D 的单位外法向量.

证明

$$\iint_D v \Delta u \mathrm{d}D = -\iint_D (\nabla u \cdot \nabla v) \mathrm{d}D + \oint_{\partial D^+} v \frac{\partial u}{\partial \boldsymbol{n}} \mathrm{d}s,$$

$$\oint_{\partial D^+} v \frac{\partial u}{\partial \boldsymbol{n}} \mathrm{d}s = \oint_{\partial D^+} v \nabla u \cdot \boldsymbol{n} \mathrm{d}s = \oint_{\partial D^+} v \nabla u \cdot \mathrm{d}\boldsymbol{s}$$

$$\xrightarrow{\text{高斯公式}} \iint_D \operatorname{div}(v \nabla u) \mathrm{d}D$$

$$= \iint_D \left(v \frac{\partial^2 u}{\partial x^2} + v \frac{\partial^2 u}{\partial y^2} + v \frac{\partial^2 u}{\partial z^2} + \frac{\partial u}{\partial x} \frac{\partial v}{\partial x} + \frac{\partial u}{\partial y} \frac{\partial v}{\partial y} + \frac{\partial u}{\partial z} \frac{\partial v}{\partial z} \right) \mathrm{d}D$$

$$= \iint\limits_{D} (v\Delta u + \nabla u \cdot \nabla v)\mathrm{d}D$$

$$= \iint\limits_{D} v\Delta u\mathrm{d}D + \iint\limits_{D} \nabla u \cdot \nabla v\mathrm{d}D,$$

所以有

$$\iint\limits_{D} v\Delta u\mathrm{d}D = -\iint\limits_{D} (\nabla u \cdot \nabla v)\mathrm{d}D + \oint_{\partial D^+} v\frac{\partial u}{\partial \boldsymbol{n}}\mathrm{d}s.$$

由定理 3.2 知, 在单连通的区域内, 保守场与有势场(位场、无旋场)是等价的. 由定理 3.2 的证明过程可以看出, 对于多连通的区域, 保守场一定是有势场, 有势场(位场、无旋场)不一定是保守场. 所以对于多连通区域上的向量场 $\boldsymbol{F}$, 不能通过 rot $\boldsymbol{F} = \boldsymbol{0}$ 来判断其是保守场.

例 5.6　计算积分 $\int_L \frac{x\mathrm{d}y - y\mathrm{d}x}{x^2 + y^2}$, 其中

(1) L 为 $L_1: y = \sqrt{1-x^2}$, 从 $(-1,0)$ 到 $(1,0)$;

(2) L 为 $L_2: y = -\sqrt{1-x^2}$, 从 $(-1,0)$ 到 $(1,0)$.

解　(1) $I_1 = \int_{L_1} \frac{x\mathrm{d}y - y\mathrm{d}x}{x^2 + y^2} = \int_{L_1} x\mathrm{d}y - y\mathrm{d}x = \int_{\pi}^{0} (\cos^2\theta + \sin^2\theta)\mathrm{d}\theta = -\pi$;

(2) $I_2 = \int_{L_2} \frac{x\mathrm{d}y - y\mathrm{d}x}{x^2 + y^2} = \int_{L_2} x\mathrm{d}y - y\mathrm{d}x = \int_{\pi}^{2\pi} (\cos^2\theta + \sin^2\theta)\mathrm{d}\theta = \pi$.

L_1 与 L_2 有相同的起点和相同的终点, 在积分中 $P = -\frac{y}{x^2+y^2}, Q = \frac{x}{x^2+y^2}$, 且

$$\frac{\partial Q}{\partial x} = \frac{y^2 - x^2}{(x^2+y^2)^2} = \frac{\partial P}{\partial y},$$

即被积函数 $\boldsymbol{F} = (P,Q)$ 为有势场(无旋场), 但第二型曲线积分与积分的路径有关, 此被积函数并不是保守场, 这是因为函数 $\boldsymbol{F} = (P,Q)$ 在原点处没有定义, 此二维场位于多连通区域上.

习　题　10.5

1. 利用高斯公式计算曲面积:

(1) $\iint\limits_{\Sigma} x^2\mathrm{d}x \wedge \mathrm{d}z + y^2\mathrm{d}z \wedge \mathrm{d}x + z^2\mathrm{d}x \wedge \mathrm{d}y$, 其中 Σ 为平面 $x=0, y=0, z=0, x=a, y=a, z=a$ 所围成的立体的表面, 取外侧.

(2) $\iint\limits_{\Sigma} (x-y)\mathrm{d}x \wedge \mathrm{d}y + (y-z)x\mathrm{d}y \wedge \mathrm{d}z$, 其中 Σ 为柱面 $x^2+y^2=1$ 与平面 $z=1, z=3$ 所围立体

的外表面.

2. 计算向量 $\boldsymbol{\alpha}$ 穿过曲面 Σ 流向指定侧的通量:

(1) $\boldsymbol{\alpha} = (2x - z)\boldsymbol{i} + x^2 y\boldsymbol{j} + xz^2\boldsymbol{k}$，$\Sigma$ 为立体 $0 \leqslant x \leqslant a, 0 \leqslant y \leqslant a, 0 \leqslant z \leqslant a$ 的边界，流向外侧;

(2) $\boldsymbol{\alpha} = (x - y + z)\boldsymbol{i} + (y - z + x)\boldsymbol{j} + (z - x + y)\boldsymbol{k}$，$\Sigma$ 为椭球面 $\dfrac{x^2}{a^2} + \dfrac{y^2}{b^2} + \dfrac{z^2}{c^2} = 1$，流向外侧.

3. 求向量场 $\boldsymbol{\alpha} = \mathrm{e}^{xy}\boldsymbol{i} + \cos(xy)\boldsymbol{j} + \cos(xz^2)\boldsymbol{k}$ 的散度.

4. 设 $u(x,y,z), v(x,y,z)$ 是两个定义在闭区域 Ω 上的具有二阶连续偏导数的函数，$\dfrac{\partial u}{\partial \boldsymbol{n}}$，$\dfrac{\partial v}{\partial \boldsymbol{n}}$ 依次表示 $u(x,y,z), v(x,y,z)$ 沿 Σ 外法线方向的方向导数. 证明: $\iiint\limits_{\Omega} (u\Delta v - v\Delta u)\mathrm{d}\Omega = \oiint\limits_{\Sigma} \left(u\dfrac{\partial v}{\partial \boldsymbol{n}} - v\dfrac{\partial u}{\partial \boldsymbol{n}} \right)\mathrm{d}\Sigma$，其中 Σ 是空间闭区域 Ω 的整个边界曲面，这个公式叫做格林第二公式.

5. 计算 $I = \iint\limits_{\Sigma} x(1 + x^2 z)\mathrm{d}y \wedge \mathrm{d}z + y(1 - x^2 z)\mathrm{d}z \wedge \mathrm{d}x + z(1 - x^2 z)\mathrm{d}x \wedge \mathrm{d}y$，其中 Σ 为曲面 $z = \sqrt{x^2 + y^2}\,(0 \leqslant z \leqslant 1)$ 的下侧.

6. 计算 $\iint\limits_{\Sigma} |xyz|\,\mathrm{d}\Sigma$，其中 Σ 的方程为 $|x| + |y| + |z| = 1$.

7. 计算曲面积分 $I = \iint\limits_{\Sigma} 2(1 + x)\mathrm{d}y \wedge \mathrm{d}z$，其中 Σ 是曲线 $y = \sqrt{x}\,(0 \leqslant x \leqslant 1)$ 绕 x 轴旋转一周所得曲面的外侧.

8. 计算曲面积分 $\oiint\limits_{\Sigma} \dfrac{\mathrm{e}^{\sqrt{x}}}{\sqrt{x^2 + y^2}}\mathrm{d}x \wedge \mathrm{d}y$，其中 Σ 为曲面 $z = x^2 + y^2$，平面 $z = 1, z = 2$ 所围立体外面的外侧.

9. 设三元函数 u, v 均有二阶连续偏导数，证明: $\Delta(uv) = u\Delta v + v\Delta u + 2\nabla u\nabla v$.

第十一章　数学模型及其求解问题

现代科学的主要特点之一就是数学科学与其他科学领域的相互渗透和作用，它使得数学科学本身与现代科学技术都得到了飞速的发展. 有人甚至认为，没有应用数学的学科就不能称为科学. 那么，抽象的数学内容如何能渗透到其他科学领域并对它们的发展起到如此巨大的作用呢？

人类生活在客观世界中，是客观世界的一部分，所以无论怎样抽象的数学概念，都是客观世界作用于人后在人的头脑中形成的，它们必然与客观世界事物的存在与变化之间有一定的内在联系，这些联系有的已为我们所熟知，有的则有待于我们去探索、发现. 应用数学的任务，就是要努力发现和利用这些联系，将客观世界事物的存在、运动和变化规律用抽象的数学形式表达出来，建立数学科学与其他科学领域之间的纽带，这就是数学模型，它使得我们能够利用便于推导、演绎、计算的数学工具来研究客观世界事物的存在形式、运动及变化规律.

我们必须明白，数学理论是一种公理系统，是建立在人类共同感知并认同的基础之上的，所以尽管我们认为数学是逻辑严密的科学，但并不是一种"客观"的"科学". 同样地，数学模型与其要描述的客观规律也并不是一回事，它只是我们对客观对象的认识的一种主观、理想化的数学描述. 在建立数学模型和研究数学模型的过程中，会大量用到函数的连续性、可导性、可积性，而具有这些性质的函数必须是在区域上有定义的，也就是说相关的量必须是连续分布在区域上的，这就是"连续性假定". 例如在研究流体的运动规律时，会假定流体是连续分布在流体所在的区域内的，即假定流体为连续介质. 流体的质量、能量、重量等物理量在流体所在空间是连续分布的，并可微分多次，那么，这一假定是否合理呢？

无论是一般的气体或液体，都是由分子构成的，一般分子的直径大概是 3×10^{-8} cm, 就空气而言，标准状态下每一立方厘米中大约有 2.7×10^{19} 个分子，也就是说，分子与分子之间的平均距离大约是 3×10^{-7} cm, 所以若以这种距离为典型长度，空气自然就不是什么连续介质. 但如果以 1 cm 甚至 10^{-4} cm 的典型尺度来看看，在单位体积内已有千千万万个分子，任何时候取出一单位体积，其中分子总数与其平均总数的相对值不会有多大的差别，在这种意义上，我们可以合理地讨论密度这一概念，将密度看成一个连续函数，用数学式子表达，就是

$$\rho = \lim_{\Delta V \to 0} \frac{\Delta M}{\Delta V},$$

其中 M 为质量, V 为体积. 这里 ΔV 趋近于零, 当然并不是真的取了极限, 而是说以连续介质的观点来看, 尺度已经很小了, 已可近似当作零. 对于液体, 分子之间几乎相互接触, 可是仍有不少空隙, 所以把水看作连续介质, 也只是一种近似.

对于一般气体而言, 其分子运动速度介于 10^4—10^5 cm/s, 其碰撞频率是 10^{10} 次/s, 每一分子本身又在旋转与振动, 其旋转与振动频率分别大约是 10^4 Hz 和 10^{13} Hz. 由此可知, 如果所用的单位时间小到 10^{-12} s, 那么值就会极不规则, 很难将相关的物理量当作时间的连续函数. 但如果以 "秒" 为单位时间, 则相关的物理量在数学上可近似认为是时间的连接函数.

太阳在银河系中可以说是孤零零的了, 若太阳系的半径约为厘米, 则太阳的半径约为零. 我们所处的银河系, 约有 2×10^{11} 个类似于太阳的恒星, 银河系的半径约为 4×10^{22} cm, 如果以 10^{22} cm 为典型长度, 以 10^8 年为典型时间, 则整个星系的运动也未尝不可当作连续介质来处理.

另一方面, 利用数学模型来研究一个系统, 在数学上要求此系统必须是 "独立"的, 但我们知道一个客观事物绝对独立于其他事物完全是不可能的, 也就是说影响一个客观事物的因素实际上是无穷多的, 只是有的因素影响大而有的因素影响小. 有的影响大的因素多而有的影响大的因素少. 就像天气预报, 尽管已经考虑了数十万个影响天气的因素, 用了最好的计算系统, 但天气预报的准确性仍然有很大的提升空间.

以上的分析, 主要是强调尽管数学学科自身在逻辑上是严谨的, 但利用数学对客观事物进行描述的时候, 这样的描述只是描述本身, 与客观事物并不是一回事, 它可能非常接近事物本身, 也可能非常荒谬. 我们可以大胆地利用数学模型来辅助解决问题, 并利用各种方法使数学模型更接近其所要描述的事物本身.

第一节 数学模型简介

本节首先介绍建模的基本原理, 然后用实例来说明数学模型的构建方法和步骤. 因为各门学科都有其自身的特点, 到目前为止, 我们还没有一个统一的建立数学模型的具体模式, 只能通过具体的数学模型的建立过程, 来体会、掌握建模的原理和方法. 在最后, 将简介如何用现代数学的观点来看待这些数学模型的求解问题, 使我们能够用数学方法来分析、解决这些模型的求解过程中包含的问题.

一、数学模型及其构建原理

人类认识客观世界的过程是一个长期实践、获得经验、总结经验并形成自己对世界的看法的过程. 人类早期的实践主要是为了获得生活资料而进行的生产活动及生产实践. 在这些实践活动中, 获得经验是被动的, 并不是为了认识客观世界而进行的活动. 通过生产实践获得经验并总结这些经验从而形成对世界的认识需要很长的时间. 后来人们为了认识客观世界, 有目的地进行一些与要解决的问题相关的实践, 从而获得经验, 这就是科学实验. 人类总结生产实践和科学实验所获得的经验, 结合对客观世界已有的认识, 通过推理、演绎得出对客观世界的新的认识, 并应用这些认识来指导以后的实践, 在实践中检验、修正这些认识, 从而得出与真相更接近的认识. 数学作为科学的基础和工具, 不仅可以用来表达我们已经获得的经验和已有的认识, 还能够将认识过程中的推理演绎转化为数学运算, 使原来困难甚至不可能的推演变得可能甚至非常简单. 构建数学模型, 就是将已经获得的经验、认识量化, 用数学概念来表达相关的量, 抓住事物的本质, 忽略一些次要因素, 在已有认识和尽量与客观事物相符合的假设下, 用一组等式和不等式表达这些量已知的关系, 建立起客观事物与数学形式之间的联系, 这样的一组等式或不等式就是一个数学模型.

由建立数学模型的基本原理可以看出建立数学模型的大概过程:

(1) 通过生产实践和科学实验, 收集与要解决的问题有关的数据;

(2) 通过对所得数据的分析, 与实际情况相结合, 提出与实际情况尽量吻合的假定;

(3) 找出与问题密切相关的已有认识;

(4) 用等式或不等式表达相关量与量之间已有的关系, 使未知量包含在这些关系当中.

完成了以上过程, 就建立了一个基本的数学模型.

一个基本的数学模型往往包含有较多的常量和变量, 处理及求解都很不方便, 所以一般都要对模型进行简化. 第一种简化的方法是合并一些量, 将常量并入变量里, 简化变量的系数, 或尽量将几个变量合并成一个变量, 减少变量个数. 另一种方法是提出恰当的假定, 使模型简化. 由于不同的问题所处的环境不同, 性质也不相同, 提出的假定也不相同. 什么样的假定才是恰当的, 要视具体情况而定, 没有总的规律可循. 尽管如此, 仍有如下的标准: 一个好的数学模型应尽量准确地反映实际的情况且尽量简洁, 便于用数学工具进行处理.

在模型的简化过程中, 由于不同量的合并, 简化后的模型中的量可能不再有明确的实际意义, 在数学运算中也不一定去考虑这些运算的实际意义. 数学模型纯粹是一种抽象的数学形式, 这样看待, 更有利于用抽象的数学工具来解决实际问题. 当我们从数学上得到了问题的解答后, 还必须把这些解答回归为有实际意义的形式.

二、几个数学模型的例

首先来研究几个关于物体运动的例子. 研究物体的运动规律, 是人类科学研究涉及最早的一个领域之一, 并取得了很大的进步, 对于数学, 特别是现代数学的发展起到了非常重要的作用. 其中的数学模型, 在物理学中也具有代表性, 我们就从如何建立物体的运动模型谈起.

例 1.1　能否发射导弹的问题

一架敌机侵入领空, 敌机的侦察系统可以立即发现对方发射的导弹, 并立即掉头逃跑, 能否在国境内将敌机击落成为一个问题, 下面我们就来建立这一问题的数学模型.

先来做建模的准备工作, 首先必须测得敌机离国境线的距离和导弹基地离敌机的距离, 分别设为 s_1 和 s_2, 另外还必须了解敌机和导弹的飞行速度, 这可以从资料中得到, 分别设为 v_1 和 v_2. 实际上, 飞机和导弹相对于地面的飞行速度将受到空气流动即风速的影响. 一般说来, 飞机所在的位置处的风速与导弹处的风速是不一样的, 但导弹的速度和飞机的速度相对于风速来说都很快, 为了使模型简单一点, 假定风速为零, 并假设敌机以最快的速度逃跑. 我们要解决的实际问题是, 在敌机飞行 s_1 距离的时间 t 内, 导弹能否飞行 $s_1 + s_2$ 的距离.

由假定有

$$s_1 = \int_0^T v_1(t)\mathrm{d}t, \tag{1.1}$$

导弹在 T 的时间内飞行距离为

$$s = \int_0^T v_2(t)\mathrm{d}t, \tag{1.2}$$

所以这一问题的数学模型为

$$\begin{cases} s_1 = \int_0^T v_1(t)\mathrm{d}t, \\ \int_0^T v_2(t)\mathrm{d}t > s_1 + s_2. \end{cases} \tag{1.3}$$

例 1.2　摆的运动问题

这里要研究的是一个物体与一条细绳相连, 绳的另一端固定时, 物体在重力作用下的运动规律. 称物体为摆锤, 绳为摆线, 称系统为摆. 为了使问题简单一些, 我们只研究摆线伸直时, 摆由静止下落后摆锤的运动规律.

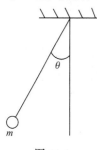

首先测出摆线的长度, 设为 l, 摆锤的质量设为 m. 为了简化模型, 做如下的假定: 空气没有阻力, 摆线不会伸长, 摆锤可视为一个质点, 且在平面内运动, 除重力和摆线中的张力, 没有影响摆锤运动的其他因素. 设摆线与铅垂线的夹角为 θ, 初始位置一方为正, 如图 11.1 所示.

在时刻 $t=0$, $\theta=\theta_0$. 鉴于摆的运动速度远远小于光速, 所以假定系统满足牛顿运动定律.

图 11.1

由分析可知, 摆锤受到两个力的作用: 一个是重力, 大小为 mg; 另一个是摆线中的张力 T. 摆线运动的力为这两个力的合力, 大小为 $mg\sin\theta$, 方向为摆锤运动的切线方向, 记摆锤沿切线方向的速度为 v, 则由牛顿第二定律有

$$m\frac{\mathrm{d}v}{\mathrm{d}t}=mg\sin\theta. \tag{1.4}$$

而 $v=l\dfrac{\mathrm{d}\theta}{\mathrm{d}t}$, 代入(1.4)得

$$l\frac{\mathrm{d}^2\theta}{\mathrm{d}t^2}=g\sin\theta,$$

即

$$\frac{\mathrm{d}^2\theta}{\mathrm{d}t^2}-\frac{g}{l}\sin\theta=0. \tag{1.5}$$

令 $a=\sqrt{\dfrac{g}{l}}$, 代入(1.5)得

$$\frac{\mathrm{d}^2\theta}{\mathrm{d}t^2}-a^2\sin\theta=0. \tag{1.6}$$

将初始条件 $\theta(0)=\theta_0,\theta'(0)=0$ 与(1.6)联立得

$$\begin{cases}\dfrac{\mathrm{d}^2\theta}{\mathrm{d}t^2}-a^2\sin\theta=0,\\ \theta(0)=\theta_0,\\ \theta'(0)=0.\end{cases} \tag{1.7}$$

(1.7)为一个非线性的二阶常微分方程, 是一个摆的运动的数学模型.

方程(1.7)的求解比较困难, 为了降低其求解难度, 在 θ 很小时, 有 $\sin\theta \approx \theta$, 方程(1.7)变为

$$\begin{cases} \dfrac{\mathrm{d}^2\theta}{\mathrm{d}t^2} - a^2\theta = 0, \\ \theta(0) = \theta_0, \\ \theta'(0) = 0. \end{cases} \tag{1.8}$$

方程(1.8)是一个二阶线性常系数齐次方程, 很容易求得其特解, 但可以理解的是, 方程(1.8)的解与方程(1.7)的解相比, 离摆的客观运动规律差别更大, 解的合理性更差.

例 1.3 最佳曲线问题

在一个生产流程中, 需要设计一个弯曲的斜面, 斜面的顶部与底部的位置是固定的, 设计要求是, 斜面光滑, 产品从斜面顶部滑到底部所需的时间为最短. 为了产品的安全, 要求产品在下滑过程中不能离开斜面. 问应该把斜面设计成什么形状?

要确定斜面的形状, 只需求出曲面的剖面曲线就行了, 将曲线的底部放在坐标原点, y 轴铅垂向上. 由于曲线的两端已经确定, 故可测出曲线顶端的坐标, 设为 (a,b), 如图 11.2 所示.

为了简化建模过程, 我们提出以下假定: 曲面绝对光滑, 产品不受空气阻力, 产品可视为一个质点. 由于产品下滑的速度远远小于光速, 因此产品的运动满足牛顿运动定律, 且在运动中不产生旋转. 设曲线的方程为 $y = f(x)$, 切线与 x 轴正向的夹角为 θ. 产品下滑的力来自重力沿切线方向的分量, 大小为

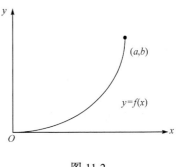

图 11.2

$$F = mg\sin\theta, \tag{1.9}$$

其中 m 为产品的质量. 设产品运动的线速度大小为 v, 根据牛顿第二定律有

$$m\frac{\mathrm{d}v}{\mathrm{d}t} = mg\sin\theta,$$

即

$$\frac{\mathrm{d}v}{\mathrm{d}t} = g\sin\theta. \tag{1.10}$$

此时产品的动能为 $\frac{1}{2}mv^2$，势能的减少为 $[b-f(x)]mg$，由能量守恒定律得

$$\frac{1}{2}mv^2 = [b-f(x)]mg. \tag{1.11}$$

(1.11)两边微分得

$$v\mathrm{d}v = -f'(x)g\mathrm{d}x. \tag{1.12}$$

再由(1.11)得

$$v = \sqrt{2[b-f(x)]g}. \tag{1.13}$$

由(1.12), (1.13)得

$$\sqrt{2[b-f(x)]g}\,\mathrm{d}v = -f'(x)g\mathrm{d}x. \tag{1.14}$$

由(1.10)及(1.14)得

$$\mathrm{d}t = -\frac{f'(x)}{\sqrt{2g[b-f(x)]}}\frac{\mathrm{d}x}{\sin\theta}. \tag{1.15}$$

由 $\tan\theta = f'(x)$ 得

$$\frac{1}{\sin\theta} = \frac{\sqrt{1+[f'(x)]^2}}{f'(x)},$$

将上式代入(1.15)得

$$\mathrm{d}t = -\frac{\sqrt{1+[f'(x)]^2}}{\sqrt{2g[b-f(x)]}}\mathrm{d}x.$$

设产品下滑所需时间为 T，两边同时积分得

$$\begin{cases} T = -\displaystyle\int_0^a \frac{\sqrt{1+[f'(x)]^2}}{\sqrt{2g[b-f(x)]}}\mathrm{d}x, \\ f(0) = 0, f(a) = b. \end{cases} \tag{1.16}$$

这样，就建立了本问题的数学模型.

关系式(1.16)是一个由 $C^{(1)}[0,a]$ 的子集到实数集的映射，解决的问题就是求此子集中的点，使此映射在该点取最小值.

例 1.4　流体力学中的模型

流体力学是一门较古老的学科，由于流体存在的普遍性、存在形式的多样性及流体性状的多样性，很多的人对流体力学的研究有兴趣，在研究中取得了大量的成果，在研究方法上，积累了异常丰富的经验，其意义早已超出了流体力学本身. 同时，仍有大量的流体力学问题等着人们去解决，所以流体力学又是一门充满生机和青春活力的学科.

由于流体有液体和气体两种最基本的形态, 相同的流体, 在不同的运动状态下所表现的性状也不一样, 流体所处的空间、范围有所不同, 人们考察流体的目的也可能不一样, 所以, 流体力学中有形式多样的数学模型. 但流体也有共性, 因此, 这些数学模型也有共性, 先来研究由这些共性能得到什么样的方程.

迁移方程 首先推出一般的连续介质所应满足的方程, 然后在连续介质的假设下, 来推导流体满足的一些方程. 在连续介质所在的任一区域 V 内, 被迁移的量可以是质量、能量、重量等, 其密度设为 $\Psi(\boldsymbol{x},t)$, 它们随位置及时间的变化而变化, 其中总的被迁移量是 $\int_V \Psi(\boldsymbol{x},t)\mathrm{d}V$.

设被迁移量的通量密度为 $\boldsymbol{v}(\boldsymbol{x},t)$, 单位时间内从 V 的边界流出去的量为

$$\oint_{\partial V^+} \boldsymbol{v}(\boldsymbol{x},t)\cdot\mathrm{d}\boldsymbol{S} = \int_V \nabla\cdot\boldsymbol{v}(\boldsymbol{x},t)\mathrm{d}V.$$

被迁移量可能在连续介质中不断产生或消失, 令 $S(\boldsymbol{x},t)$ 为被迁移量的源密度, 也就是单位时间内在单位体积中所产生的被迁移量. 很显然, 被迁移量的增长等于产生与流进的被迁移量之和, 所以可以得到如下的积分形式的迁移方程

$$\frac{\mathrm{d}}{\mathrm{d}t}\int_V \Psi(\boldsymbol{x},t)\,\mathrm{d}V + \int_V \nabla\cdot\boldsymbol{v}(\boldsymbol{x},t)\,\mathrm{d}V = \int_V S(\boldsymbol{x},t)\,\mathrm{d}V. \tag{1.17}$$

由于 V 是任意取的, 所以迁移方程的微分形式为

$$\frac{\partial\Psi}{\partial t} + \nabla\cdot\boldsymbol{v} = S. \tag{1.18}$$

要特别强调的是, (1.17)和(1.18)表达的是一个明显的道理, 用于连续分布的任何量都可以, 并没有特殊的物理内涵, 当我们指定了被迁移量后, 方程才有明确的物理意义. 源密度函数 $S(\boldsymbol{x},t)$ 不一定是连续函数, 它可以只在某些点和面或者局部区域内才有不为零的值.

连续性方程 若指定被迁移量为流体质量, 质量密度为 $\Psi(\boldsymbol{x},t)=\rho$, 运动速度为 $\boldsymbol{v}$, 则通量密度为 $\rho\boldsymbol{v}$. 在经典情形下, 质量是守恒的, 所以源密度函数 $S(\boldsymbol{x},t)=0$. 由迁移方程(1.18)得

$$\frac{\partial\rho}{\partial t} + \nabla\cdot(\rho\boldsymbol{v}) = 0. \tag{1.19}$$

(1.19)就是所谓的连续性方程, 它表示流体中的质量守恒原理. 要注意的是, 所谓流体质点, 在连续介质的意义下叫做质点, 是指 $\boldsymbol{x}$ 处的质点在时刻 t 时的运动速度.

运动方程 指定被迁移量为动量. 在固定区域 V 中, 流体的动量为

$$\boldsymbol{p} = \int_V \rho \boldsymbol{v} \mathrm{d}V.$$

那么动量的通量密度是什么呢？动量是由流体质点所运载，在 x 轴方向质量的通量为 ρv_x，所以沿 x 轴方向动量的通量为 $\rho v_x \boldsymbol{v}$. 同理，沿 y 轴、z 轴方向动量的通量分别为 $\rho v_y \boldsymbol{v}$，$\rho v_z \boldsymbol{v}$. 为便于书写，分别用下标 1, 2, 3 记下标 x, y, z.

动量的源密度又是什么呢？引起动量 $\boldsymbol{p}$ 改变的原因是力 $\boldsymbol{F}$，且有

$$\frac{\mathrm{d}\boldsymbol{p}}{\mathrm{d}t} = \boldsymbol{F}.$$

由此可见，动量的"源"就是力. 流体所受到的力可分为"体积力"和"面力"，"体积力"是指作用在每个流体质点上的力，如万有引力，一般可表示为 $\rho \boldsymbol{b}$. "面力"是指作用在 V 的边界上的力，所以"面力"的密度指单位面积上所受到的力，用 $\boldsymbol{S}(\boldsymbol{x}, t)$ 来表示. 由方程(1.18)得

$$\frac{\mathrm{d}}{\mathrm{d}t}\int_V \rho v_i \mathrm{d}V + \oint_{\partial V^+} \rho v_i \boldsymbol{v} \cdot \mathrm{d}\boldsymbol{S} = \int_V \rho b_i \mathrm{d}V + \oint_{\partial V} S_i \mathrm{d}S \quad (i = 1, 2, 3), \quad (1.20)$$

即

$$\frac{\mathrm{d}}{\mathrm{d}t}\int_V \rho \boldsymbol{v} \mathrm{d}V + \oint_{\partial V} \rho \boldsymbol{v} \cdot (\boldsymbol{v} \cdot \boldsymbol{n}) \mathrm{d}S = \int_V \rho \boldsymbol{b} \mathrm{d}V + \oint_{\partial V} \boldsymbol{S} \mathrm{d}S. \quad (1.21)$$

一般情况下，面力常可表示为

$$S_i = \sum_{j=1}^3 \sigma_{ij} n_j = \sigma_{ij} n_j \quad (\text{两项相乘，下标相同时表示对该下标求和}),$$

代入(1.20)可得

$$\frac{\mathrm{d}}{\mathrm{d}t}\int_V \rho v_i \mathrm{d}V + \oint_{\partial V^+} \rho v_i \boldsymbol{v} \cdot \mathrm{d}\boldsymbol{S} = \int_V \rho b_i \mathrm{d}V + \oint_{\partial V} \sigma_{ij} n_j \mathrm{d}S,$$

即

$$\frac{\mathrm{d}}{\mathrm{d}t}\int_V \rho v_i \mathrm{d}V + \oint_{\partial V^+} \rho v_i \boldsymbol{v} \cdot \mathrm{d}\boldsymbol{S} = \int_V \rho b_i \mathrm{d}V + \oint_{\partial V^+} \boldsymbol{\sigma}_i \cdot \mathrm{d}\boldsymbol{S},$$

其中 $\boldsymbol{\sigma}_i = (\sigma_{i1}, \sigma_{i2}, \sigma_{i3})$. 由高斯公式得

$$\frac{\mathrm{d}}{\mathrm{d}t}\int_V \rho v_i \mathrm{d}V + \int_V \nabla \cdot (\rho v_i \boldsymbol{v}) \mathrm{d}V = \int_V \rho b_i \mathrm{d}V + \int_V \nabla \cdot \boldsymbol{\sigma}_i \mathrm{d}V, \quad (1.22)$$

(1.22)即为积分形式的运动方程. 由 V 的任意性得微分形式的运动方程

$$\frac{\partial(\rho v_i)}{\partial t} + \nabla \cdot (\rho v_i \boldsymbol{v}) = \rho b_i + \nabla \cdot \boldsymbol{\sigma}_i.$$

利用连续性方程(1.19)，上式可写成向量形式

$$\frac{\partial \boldsymbol{v}}{\partial t}+(\boldsymbol{v}\cdot\nabla)\boldsymbol{v}=\boldsymbol{b}+\frac{1}{\rho}\nabla\cdot\boldsymbol{\sigma}. \tag{1.23}$$

将(1.19)与(1.23)联立可得

$$\begin{cases}\dfrac{\partial \boldsymbol{v}}{\partial t}+(\boldsymbol{v}\cdot\nabla)\boldsymbol{v}=\boldsymbol{b}+\dfrac{1}{\rho}\nabla\cdot\boldsymbol{\sigma},\\[2mm]\dfrac{\partial \rho}{\partial t}+\nabla\cdot(\rho\boldsymbol{v})=0.\end{cases} \tag{1.24}$$

方程组(1.24)中的 $\boldsymbol{\sigma}=(\sigma_{ij})$ 是一个二阶张量, 与流体的运动速度 $\boldsymbol{v}$、黏性系数 μ、压强 p 及密度 ρ 有关, 如果黏性系数 μ 为常数(恒温下往往如此), 则与模型相关的未知变量有 v_x,v_y,v_z,ρ,p 五个. 一般说来, 方程(组)要能够求定解, 要求方程的个数与未知量的个数相同, 而方程组(1.24)中只有 4 个方程, 还少一个方程, 需要补充.

例 1.5　交通流模型

在现代社会里, 交通拥挤是一个特别引人注目的问题, 特别是公路交通中汽车的堵塞, 十分令人头痛. 因此如何预测及安排公路交通, 研究汽车流量成为非常有意义的工作, 下面我们就来建立一个简单的汽车交通流问题的数学模型.

交通线常常被比作国家经济的动脉(这是与生物的血液流动作比较), 它启发我们将公路上的汽车看成流体的流动来处理. 这种方法, 涉及整个交通线总的或平均的变化, 是一种宏观模型, 因此研究时应该注意流量速率(单位时间通过一个固定点的汽车数量)、交通流速度(每单位时间内走过的距离)以及交通密度(在一给定长度中的汽车数). 这样, 在模型的结构中, 涉及的便是被称为公路的管道或河流中由汽车构成的"点"的流速场.

1. 基本假定——连续性假设

正如已经提到的, 交通流的宏观理论是与一个管道中流体的流动相似的理论. 在例 1.4 中已经建立了一般流体所应该满足的方程, 但要解这些方程是非常困难的. 不过由于我们这里的模型的特殊性, 有些基本概念, 不用求解流体力学的微分方程, 也可以描述出来.

先来给有关的量做出一些基本的定义. 考察图 11.3 中所示的一列用方块代表的汽车, 可以看到汽车一辆接一辆地向右运动, 并且我们已经标明, 对每一辆汽车可以由坐标 x_i 来表示. 坐标值 x_i 是沿一条平行于公路的轴实测得到的.这里假定公路是直的, 这样的假定显然对问题的研究没有实质上的影响. 一辆汽车的位置, 随时间的变化而变化, 即 $x_i=x_i(t)$, 依次就可以计算在任意

时刻 t 汽车的速度 $v = \dfrac{\mathrm{d}x_i}{\mathrm{d}t}$ 和加速度 $a = \dfrac{\mathrm{d}^2 x_i}{\mathrm{d}t^2}$，当有很多汽车出现时，我们把车流看成是有许多微粒的运动，它们的流动近似地有一个速度场. 在场中，每一点沿 x 轴给定一个特定的速度.

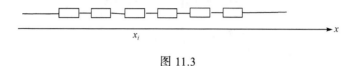

图 11.3

连续性假定的第一个基本点就限制了模型，因为这样就排除了赶上或超过的情况，如果一辆汽车赶上或超过了另一辆，那么在轴上的某一点必定有两个不同的速度.

另一种方法是描述出现的汽车数量，可以通过两种方法来完成. 第一种方法是站在一条公路的某一定点，计算在某一时间间隔内通过的汽车数，这样便会用到单位时间的车辆所表示的交通流量的计数 q. 但是，也可以计算任一瞬时在一给定的公路长度内的汽车数，这样便可确定用单位长度车辆数所表示的密度 ρ. 在实际应用中，可以统计一段给定公路上的汽车数. 但是在进行上述两种观察时，不论是计算交通流量 q，还是计算交通密度 ρ，一个必然的问题是所取的时间段或者公路段的长度是否恰当. 如果所取时间段或路段太长，可以在这一长时间间隔和路段上取平均值使之消除波动. 但在接下来分析流量时就会遗漏早上和晚上高峰时期所形成的峰值，也会失去不同地方的车辆数的差别.

另一方面，如果测量的时间或路段太短，可能会有汽车计数的剧烈波动. 例如，交通信号灯刚要变化前的一瞬间，统计不到任何交通量，但接着信号灯变化后的很短时间里，汽车的数量可能有大量的增加. 同样，在很短的一段公路上进行空间计数，在某些路段上会统计到少量的汽车，而在多数路段上则一辆也看不到，车辆密度计算可能是极不连续的. 因此，如何选择一个时间范围或一个公路的长度区间，使得有足够量的汽车构成一个有意义的、相对不变的局部密度，允许用速度场来代替单个汽车速度的方法，来获得关于密度 ρ 和交通流量 q 的连续函数呢？

在流体力学的理论中同样利用了连续性的假设，这样做，并不涉及流体的单个粒子、几何平均的变化. 事实上，使用质量密度、质量的流速以及速度场，与刚才对交通流的概述完全一样.

2. 建立宏观模型

这里将涉及的变量包括宏观密度 ρ、流量 q 及速度 v，将汽车流看成流体，

就应该有关系式

$$q = \rho v. \tag{1.25}$$

实际上, 上面方程中的三个变量是相互影响的, 比如 ρ, v 并不是相互独立的变量. 那么 ρ, v 之间的关系到底是什么呢? 车辆的速度是司机决定的, 驾驶员会对周围的交通条件作判断, 以决定自己车辆的速度. 在交通不拥挤的时候加速并尽量接近公路限速而在交通拥挤时慢下来, 这种行为一般是不自觉的习惯反应. 这样假定车辆的速度取决于交通密度 ρ 就显得是合理的, 即

$$v = v(\rho).$$

当然, 这里对个别不遵守交通规则的司机所驾驶的车辆不加考虑.

如果在路上没有(或很少)其他车辆, 期望司机保持最快的速度, 当然, 这里的最快速度指的是公路的最高限速, 并且假定司机都会遵守交通规则. 最后, 达到某一最大密度时(这由公路本身的情况决定), 车辆就会停下来. 可以把这些假定表示为

$$v\big|_{\rho=0} = v_{max}, \quad v\big|_{\rho=\rho_{max}} = 0, \quad \frac{\mathrm{d}v}{\mathrm{d}\rho} \leqslant 0. \tag{1.26}$$

从设计公路及附属建筑(包括入口和出口、斜坡道、信号系统、收费亭等)的交通工程师的观点来看, 主要变量是交通流量 q, 这表示所设计系统的容量. 如果认为速度是均匀的, 即与时间和路上的位置无关, 那么就可以联立方程 (1.19) 和 (1.25) 来设计流量, 即

$$q = \rho v(\rho). \tag{1.27}$$

因此, 对于宏观模型, 交通流量只取决于交通密度 ρ. 显然关系式(1.27)所表达的函数关系是过 $(0,0)$ 和 $(\rho_{max},0)$ 两点的, 且交通密度存在一个最佳值, 此时的交通流量达到最大, 即关系式(1.27)应该具有图 11.4 的特性. 可以看出, $q = \rho v(\rho)$ 非常接近于一条抛物线, 所以 $v = v(\rho)$ 接近于一条直线. 若以直线模拟 $v = v(\rho)$, 并结合(1.26)可以得到以下的关系式

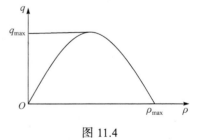

图 11.4

$$\begin{cases} v = v_{max}\left(1 - \dfrac{\rho}{\rho_{max}}\right), \\ q = v_{max}\left(\rho - \dfrac{\rho^2}{\rho_{max}}\right), \end{cases} \tag{1.28}$$

容易得到在 $\rho = \dfrac{\rho_{max}}{2}$ 时, 交通流量取得最大值 $q_{max} = \dfrac{1}{4} v_{max} \rho_{max}$.

交通流模型(1.28)只是在对一般的道路交通状况进行分析后得到的一个数学模型, 它与实际交通状况的贴合程度如何呢? 可以通过现场取样对其进行分析.

例 1.6　最优化模型

在现代社会中, 特别是在经济活动中, 原本在某项活动之前, 往往需要预先制订出合理的行动计划, 使有限的投资获得最大的收益且减少浪费, 以在竞争中取得胜利. 例如, 厂商如何调配原料, 要合理利用有限的资金安排不同商品的数量获得最大的收益, 这属于运筹学的问题. 运筹学的研究首先是在英国开始的, 而后在美国发展起来, 当然在古希腊、中国都有属于运筹学的典型例子, 但没有形成理论体系. 不论是古代的还是现代的运筹学的问题, 都是为了在多种甚至是无穷多种可能的选择中求出最优的方案.

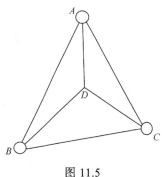

图 11.5

这里首先要解决的问题是怎样的选择, 才算是最优的选择. 这是一个非常复杂的问题, 它涉及研究者及应用者的主观愿望和看法, 或与所期待的目标是什么的明确意义有关. 比如图 11.5 所示的 A, B, C 三个城市的布局, 如果在三个城市间建立连接公路, 那么这些公路应该如何修建才最优呢? 第一种方案是修路直接将三个城市两两连接起来, 第二种方案是在三个城市之间选一点 D, 三个城市通过 D 点连接起来. 显然, 第一种方案在任意两城市间将有最短的距离, 行驶时间也最短. 而第二种方案需要建设的公路量最少, 因而建设费用也更节省. 可见我们必须首先确定适当的目标: 它是最便宜的系统呢(投资者的考虑), 还是人和物在两个城市间行驶时间为最少的系统呢(公路使用者的考虑)? 然而这种选择也并不是那么简单, 减少在两个城市之间的行驶时间, 实际上是可以从中获得现实的经济利益的. 这是因为, 商品运送加快了或旅客较易于进入城市等. 如能对这些效用进行适当的计算, 那便可以用来降低另一种连接法的成本, 这种选择便失去了明确的界限. 为了完成这样的计算, 我们还必须考虑耗费的时间、增加的进入人口数量以及不是总能用明显的方法来定量表示的其他方面的特性并赋予经济价值, 迄今为止, 这仍是我们几乎每天都要碰到的事情, 当决定在一条旅游路线而不是一条很直的路线驱车行驶时, 我们便完成了一个经济选择(如同一个价值判断), 多花在行驶上的时间可由饱览沿途风光而得到好处相抵消. 这里确实涉及两个概念遴选的代价和好处的权衡, 另一个是我们有意无意地, 在这样的代价-好处分析中, 将价值观和爱好明朗化了.

另一个问题是人类的社会生活是非常复杂的, 影响我们选择的因素非常多, 那么能否把这些因素都考虑进去呢? 因为任何一个因素的变化都有可能使得事物的发展改变我们所预期的轨道, 这个问题的答案是明显的, 要考虑所有的因素是不可能的, 我们只能抓住那些对事物的发展变化有明显影响的因素对问题进行分析, 得出与我们愿望相符合的最佳选择. 应该记住, 对事物的发展进行数学模拟, 对事物的可能发展进行预测, 拟定我们认为最好的对策, 而不是规定事物应该完全按照我们的愿望发展.

下面我们用一个基本的线性规划问题来说明运筹学建模的方法.

例 1.7　厂家要生产经营课桌和办公桌, 课桌和办公桌是用柏木和杉木做的, 一张办公桌需要 6 m^2 的柏木板材和 6 m^2 的杉木板材, 一张课桌需要 3 m^2 的柏木板材和 9 m^2 的杉木板材. 板材厂可供应 13 元/m^2 的柏木板材 1200 m^2, 2 元/m^2 的杉木板材 1800 m^2. 对市场的调查表明, 每张办公桌可卖 450 元, 每张课桌可卖 420 元. 那应该做多少张办公桌和多少张课桌才能确保获得最大利润?

此问题的条件是卖一张办公桌获得的利润和卖一张课桌获得的利润是一样的, 即每张利润为 15 元. 设想, 如果不是这种情形, 而是卖一张课桌得到的利润为 9 元, 这样, 假定我们最初只生产办公桌, 就能把总利润增加到最大值, 这种想法初看起来是合理的, 但是在做了 220 张办公桌以后, 所有的柏木板将用尽, 然后必须处理剩下的杉木板, 这种生产方案得出的总利润是 30000 元, 小于最大可能的利润. 最后利润是通过一个折中方案得到的, 即放弃只生产办公桌的想法, 而采用把生产办公桌和课桌的利润增加到最大的混合目标的方法. 我们将会看到按照假定对办公桌和课桌都生产的比较方案(与只生产办公桌的概念不同), 将用完全部的木料. 这里的关键是最优方案需要考虑比较方案的解, 并要在可行解之间进行选择和权衡, 以期得到一个最优的结果.

下面通过解一个线性最优化或线性规划问题来确定办公桌和课桌的最佳数. 设 x 是要生产的办公桌数, y 为课桌数. 称利润为目标函数, 即收入和费用之差, 收入是指出售办公桌和课桌的收入. 如果假定生产的全部产品都已卖完, 则有关系式

$$收入 = (每张办公桌的售价) \cdot x + (每张课桌的售价) \cdot y$$
$$= 450x + 420y.$$

费用是根据每一种产品需要的不同木材的面积并结合各种木材的价格计算的, 即

费用 = (柏木板单价) · [(柏木板/办公桌) · x + (柏木板/课桌) · y]

+(杉木板单价) · [(杉木板/办公桌) · x + (柏木板/课桌) · y]

$$= 30(6x + 3y) + 20(6x + 9y)$$

$$= 300x + 270y.$$

当然, 这里忽略了生产所支付的费用. 由于我们只立足于说明构建方法的原理, 这里不予考虑, 必要时可以考虑进去, 可不增加实质上的难度.

记 $u(x, y)$ 为目标函数, 即利润, 则

$$u(x, y) = 150(x + y).$$

这个目标函数本身的最大值是不存在的, 但在本问题中 x, y 都受到了约束, 是由从木材厂可以买到的木材的限量规定的, 即

使用柏木板总量 = (柏木板/办公桌) · x + (柏木板/课桌) · y

$$\leqslant 1200,$$

使用杉木板总量 = (杉木板/办公桌) · x + (柏木板/课桌) · y

$$\leqslant 1800.$$

也就是

$$6x + 3y \leqslant 1200,$$

$$6x + 9y \leqslant 1800.$$

由于课桌数和办公桌数必须是非负的, 所以

$$0 \leqslant 6x + 3y \leqslant 1200, \tag{1.29}$$

$$0 \leqslant 6x + 9y \leqslant 1800. \tag{1.30}$$

从而得到本问题的最优化模型

$$\max u(x, y) = 150(x + y),$$

$$\text{s.t.} \begin{cases} 0 \leqslant 6x + 3y \leqslant 1200, \\ 0 \leqslant 6x + 9y \leqslant 1800, \\ x, y \geqslant 0. \end{cases}$$

不难求出问题的解为

$$\begin{cases} x = 150, \\ y = 100, \end{cases}$$

即生产 150 张办公桌, 100 张课桌能得到最大利润, 且将木材用完, 总利润是 37500 元.

以上用来自几个不同领域的实例说明了构造数学模型的基本原理和方法,

但都是比较简单的模型, 现实世界是非常复杂的, 因此用数学来较准确地模拟客观世界的规律也是很复杂的. 对于如何建立数学模型, 在了解了其基本原理以后, 还需要我们多实践, 总结经验, 并向有关领域的专家请教, 以获得更多与建模有关的信息, 这对于建立更好的数学模型将是非常有益的.

三、数学模型的近似性分析

数学模型是在理想状态下用抽象的数学语言对客观事物的量与量之间关系进行的近似描述, 它只是一种语言描述, 而不是关系本身. 另外, 在求解数学模型的过程中还会产生新的误差, 总的说来, 从建立数学模型到求出数学模型的解的过程中几乎每个步骤都会产生误差. 数学模型的近似性可以归纳为以下几个方面:

(1) 人类认识世界的过程是一个从谬误向真相靠近的过程, 尽管人们在获得对世界的某种认识时, 可能会认为这种认识就是真相或真理, 但随着认识的不断深入, 总会证明它只是对客观规律的近似描述. 所以在建立数学模型的过程中, 通过对事物的观察所提出的假定及对客观事物已有的认识都是一种近似, 这样的认识与假定只有在一定的条件下才有其相对的正确性或者说合理性, 没有一定的条件及相应的范围, 它们可能就是很大的谬误.

(2) 在建立数学模型之前, 必须通过观察和实验获得一些必要的数据, 由于受客观条件的限制, 这些数据也会有误差, 这些误差必然会带入数学模型中.

(3) 在简化数学模型的过程中, 会提出一些新的假定, 有的假定显然是谬误, 但只要这样的假定所带来的误差在问题所允许的范围内, 就是合理的.

(4) 在求解数学模型时计算方法会带来误差, 计算工具(计算机)也会带来误差.

从以上分析可以看出, 在利用数学模型求解实际问题时会有多种因素使数学模型及其求解产生误差. 我们平时所说的准确、精确实际上是相对的, 谬误才是绝对的, 但谬误与合理并不一定是矛盾的, 谬误只要在一定的范围以内可能就是合理的, 正是谬误与合理这一对既矛盾又统一的现象, 才使得数学科学及其他科学领域有了存在与发展的价值和可能, 使数学模型有了广泛的应用又受到了一定的限制, 从而有了继续发展的要求和可能.

总之, 只要认识到世界上没有绝对真理, 只有相对正确的对真相的认识, 数学模型并不就是客观规律, 而只是用数学符号与公式来近似描述人类对于客观规律的认识, 并牢记实践是检验真理的唯一标准, 我们就能够处理好谬误与合理之间的关系.

习　题　11.1

1. 什么是时间？什么是空间？时间与空间的关系如何？

2. "时间是连续的"是"理所当然的"吗？"空间是连续的"是"理所当然的"吗？

3. 如果将一个铁块当作连续介质来研究其力学、物理性能，请提出一个合理的几何尺寸的最小值.

4. 一般情况下，建立数学模型要经过哪些步骤？

5. 逻辑斯谛模型是描述种群生物数量变化的模型. 记在 t 时刻生物数量为 $x(t)$ ，生物的净增长率 r 和当前的生物数量 x 满足 $r(x) = a - bx$ $(a,b>0)$. 设在初始时刻的生物数量为 x_0 ，计算生物数量与时间 t 之间的关系，并求出生物数量的稳定值(也就是时间趋于无穷大时的生物数量).

6. 在概率问题中，置信区间是一个重要的概念，对于一个给定的密度函数 $f(x)$，比如取 $f(x) = \begin{cases} \dfrac{x}{20}, & 0 \leqslant x \leqslant 5, \\ \dfrac{8-x}{12}, & 5 < x \leqslant 8, \end{cases}$ 求一个积分区间 $[a,b]$，满足 $\int_a^b f(x)\mathrm{d}x = 0.9$ 的条件下使得 $b-a$ 达到最大，求 a 和 b 的值.

7. 设有一个 $30\,\text{m} \times 30\,\text{m} \times 12\,\text{m}$ 的车间，其中空气中含有 0.12% 的 CO_2，如需要在 10 分钟后 CO_2 的含量不超过 0.06%(设新鲜空气中 CO_2 的含量为 0.04%)，问每分钟应通入多少立方米的新鲜空气？

8. 假如你站在洞口且身上仅带着一只具有跑秒功能的计时器，出于好奇心想用扔下一块石头听回声的方法来估计洞的深度，假定你捡到一块质量是 $1\,\text{kg}$ 的石头，并准确地测定出听到回声的时间 $T = 5\,\text{s}$，就下面给定的情况分别进行分析，给出相应的数学模型，并估计洞深.

(1) 不计空气阻力；

(2) 受空气阻力，并假定空气阻力与石块下落速度成正比，比例系数 $k_1 = 0.05$；

(3) 受空气阻力，并假定空气阻力与石块下落速度的平方成正比，比例系数 $k_2 = 0.0025$；

(4) 在上述三种情况下，如果再考虑回声传回来所需要的时间.

9. **居民区供水问题**　某居民区的民用自来水是由圆柱形水塔提供的，水塔高 $12.2\,\text{m}$，直径 $17.4\,\text{m}$. 水塔由水泵根据水塔内水位高低自动加水，一般每天水泵工作两次. 现在需要了解居民区用水规律与水泵的工作功率. 按照设计，当水塔的水位降至最低水位，约 $8.2\,\text{m}$ 时，水泵自动启动加水；当水位升高到一个最高水位，约 $10.8\,\text{m}$ 时，水泵停止工作.

可以考虑采用用水率(单位时间的用水量)来反映用水规律，并通过间隔一段时间测量水塔里的水位来估算用水率, 表11.1是某一天的测量记录数据, 测量了28个时刻, 但是由于其中有 3 个时刻遇到水泵正在向水塔供水, 而无水位记录(表11.1 中用—表示).

请建立合适的数学模型, 推算任意时刻的用水率、一天的总用水量和水泵工作功率.

表 11.1　原始数据表

时刻 t/h	0	0.921	1.843	2.949	3.871	4.978	5.900
水位/m	9.677	9.479	9.308	9.125	8.982	8.814	8.686
时刻 t/h	7.006	7.928	8.967	9.9811	10.925	10.954	12.032
水位/m	8.525	8.388	8.220	—	—	10.820	10.500
时刻 t/h	12.954	13.875	14.982	15.903	16.826	17.931	19.037
水位/m	10.210	9.936	9.653	9.409	9.180	8.921	8.662
时刻 t/h	19.959	20.839	22.015	22.958	23.880	24.986	25.908
水位/m	8.433	8.220	—	10.820	10.597	10.354	10.180

第二节　线性空间与线性赋范空间

一、数学模型的分类及求解问题

应用实践表明, 建立数学模型的主要目的可分为两大类: 第一类是希望在了解影响一个事物的各种量之间关系的基础上做出最佳的选择, 例如, 例 1.3 和例 1.7 就属于这种类型; 第二类是希望了解影响一个事物的不同量之间的关系, 明确地知道其中一些量是如何影响另外一些量的. 对于第二种类型, 如果在建立了数学模型后就直接知道了我们要了解的关系, 则建模的目的已经达到, 例 1.5 的交通流模型就属于这种类型. 而更多的数学模型建立后模型本身并没有直接表达我们需要了解的量与量之间的关系是什么, 这样的关系是隐含在数学模型中的, 需要利用数学方法从数学模型中揭示出来, 即数学模型需要求解, 例 1.1、例 1.4、例 1.5 都属于这种类型. 当然, 第一种类型的模型也是需要求解的. 需要求解的数学模型, 必含有未知量, 含有未知量的等式称为方程. 如果方程中只有关于未知量的代数运算, 则方程称为代数方程; 如果方程中含有未知量的导数或微分运算但不含有未知函数的积分运算, 则称为微分方程; 如果方程中含有未知函数的积分运算, 则称为积分方程. 例1.2、例1.4 中建立的模型属于微分方程, 例1.7 的模型属于代数方程, 例1.3 的模型属于积分方程.

例 1.7 的求解就是求函数(映射)

$$u(x,y) = 420x + 393y$$

在其定义域

$$\begin{cases} 0 \leqslant 6x + 3y \leqslant 1200, \\ 0 \leqslant 6x + 9y \leqslant 1800, \\ x, y \geqslant 0 \end{cases}$$

内的最大值的问题. 对于例 1.3 中的模型, 如果将 $-\int_0^a \dfrac{\sqrt{1+[f'(x)]^2}}{\sqrt{2g[b-f(x)]}}\,\mathrm{d}x$ 看成一个从使得此表达式有意义的函数集到实数集的一个映射 F, 则模型的求解问题也是求此映射的最大值的问题. 可以看出, 例 1.3 及例 1.7 的求解问题就是求映射的最值问题.

如果将例 1.2 中的方程 $\dfrac{\mathrm{d}^2\theta}{\mathrm{d}t^2} - a^2\theta = 0$ 的左边 $\dfrac{\mathrm{d}^2\theta}{\mathrm{d}t^2} - a^2\theta$ 看成从具有二阶连续导数的函数全体到连续函数集合的一个映射 F, 则求解方程 $\dfrac{\mathrm{d}^2\theta}{\mathrm{d}t^2} - a^2\theta = 0$ 的问题就是求 0 关于 F 的原像的问题.

对于例 1.4 中的模型

$$\begin{cases} \dfrac{\partial \boldsymbol{v}}{\partial t} + (\boldsymbol{v}\cdot\nabla)\boldsymbol{v} - \dfrac{1}{\rho}\nabla\cdot\boldsymbol{\sigma} = \boldsymbol{b}, \\ \dfrac{\partial \rho}{\partial t} + \nabla\cdot(\rho\boldsymbol{v}) = 0, \end{cases}$$

如果将方程组的左边看成对未知量 $(\rho, \boldsymbol{v}, \boldsymbol{\sigma})$ 的一种运算 F, 则 F 为一个映射, 模型的求解也就是求此映射的一个特定像的原像.

综合来看, 数学模型的求解一般都可以看成求一个映射某个特定像的原像, 所以要求出数学模型的解, 需要对对应的映射作深入的研究. 而一个映射有两个要素: 定义域及对应法则.

二、线性空间

由前面的分析知, 求解数学模型本质上就是求一个映射的某个特定像的原像, 而映射有两个要素: 定义域和对应法则. 定义域也是我们求解未知量(函数)存在的范围, 除了代数方程, 模型中包含有未知函数的导数、微分或者积分, 而函数的导数运算和积分运算对于加法和数乘是封闭的, 即对线性运算是封闭的, 也就是说我们研究的映射的定义域一般对线性运算是封闭的. 称对线性运算封闭的集合为线性空间, 其严格的定义如下.

定义 2.1 (线性空间) 设 X 是一个非空集合, $\mathbf{R}^1$ 是实数集, 在集合 X 的元素之间定义一种代数运算, 叫做加法, 即给出了一个法则, 对于 X 中任意两个元素 x, y, 在 X 中都有唯一的一个元素 z 与它们对应, 称为 x 与 y 的和, 记为 $z = x + y$. 在 $\mathbf{R}^1$ 与集合 X 的元素之间还定义一种运算, 叫做数量乘法, 即对于 $\mathbf{R}^1$ 中任一数 k 与 X 中任一元素 x, 在 X 中都有唯一的一个元素 y 与它们对应, 称为 k 与 x 的数量乘积, 记为 $y = kx$. 且加法与乘法还满足下述规则:

(1) (交换律) $x + y = y + x, \quad \forall x, y \in X$;

(2) (结合律) $(x + y) + z = x + (y + z), \quad \forall x, y, z \in X$;

(3) (零元素) 在 X 中有一元素 θ, 对于 X 中任一元素 x 都有 $x + \theta = x$;

(4) (负元素) 对于 X 中每一个元素 x, 都有 X 中的元素 y, 使得 $x + y = \theta$, 记 $y = -x$;

(5) $1x = x, \quad \forall x \in X$;

(6) $k(lx) = (kl)x, \quad \forall k, l \in \mathbf{R}^1, \forall x \in X$;

(7) $(k + l)x = kx + lx, \quad \forall k, l \in \mathbf{R}^1, \forall x \in X$;

(8) $k(x + y) = kx + ky, \quad \forall k \in \mathbf{R}^1, \forall x, y \in X$.

其中 x, y, z 为 X 中任意元素, k, l 为实数集 $\mathbf{R}^1$ 中的任意实数, 则称 X 为实数集 $\mathbf{R}^1$ 上的线性空间.

定理 2.1 (线性空间的简单性质) 在线性空间 X 中:

(1) 零元素唯一;

(2) x 的负元素唯一;

(3) $kx = \theta \Leftrightarrow k = 0$ 或 $x = \theta$;

(4) $-(-x) = x, \quad \forall x \in X$;

(5) $-(kx) = (-k)x = k(-x), \quad \forall k \in \mathbf{R}^1, \forall x \in X$;

(6) $k(x - y) = kx - ky, \quad \forall k \in \mathbf{R}^1, \forall x, y \in X$.

证明 只证明(1), 其他几条留给读者做练习. 若 X 中有两个零元素 θ_1, θ_2, 则 $\theta_1 = \theta_1 + \theta_2 = \theta_2$, 即零元素只有一个.

容易验证 n 维欧氏空间 $\mathbf{R}^n$ 为线性空间.

例 2.1 证明函数集合 $C[a, b]$ 按普通的加法和数乘(实数乘上函数)成为线性空间.

证明 因为在 $C[a, b]$ 中, 满足

(1) (交换律) 对 $\forall x, y \in X$, 有

$$(x + y)(t) = x(t) + y(t) = y(t) + x(t) = (y + x)(t),$$

所以

$$x+y = y+x, \quad \forall x, y \in X;$$

(2) (结合律) $\forall x, y, z \in X$, 有

$$[(x+y)+z](t) = (x+y)(t)+z(t) = x(t)+[y(t)+z(t)] = [x+(y+z)](t),$$

所以

$$(x+y)+z = x+(y+z), \quad \forall x, y, z \in X;$$

(3) (零元素)在 X 中有一元素 $\theta = \theta(t) = 0$, 对于 X 中任一元素 x 都有

$$(x+\theta)(t) = x(t)+0 = x(t),$$

所以对于 X 中任一元素 x 都有 $x+\theta = x$;

(4) (负元素)对于 X 中每一个元素 x, 都有 X 中的元素 $y = -x(t) = -x$, 使得

$$(x+y)(t) = x(t)+y(t) = x(t)-x(t) = 0 = \theta(t),$$

所以对于 X 中每一个元素 x, 都有 X 中的元素 $y = -x$, 使得 $x+y = \theta$;

(5) $\forall x \in X$, $(1x)(t) = x(t)$, 所以 $1x = x, \forall x \in X$;

同理可以验证

(6) $k(lx) = (kl)x, \quad \forall k, l \in \mathbf{R}^1, \forall x \in X$;

(7) $(k+l)x = kx+lx, \quad \forall k, l \in \mathbf{R}^1, \forall x \in X$;

(8) $k(x+y) = kx+ky, \quad \forall k \in \mathbf{R}^1, \forall x, y \in X$.

所以 $C[a,b]$ 按普通的加法和数乘(实数乘上函数)成为线性空间.

同样可以验证闭区间 $[a,b]$ 上的黎曼可积函数全体 $R[a,b]$ 构成的集合按普通的加法和数乘成为线性空间.

定义 2.2 (线性子空间) 若线性空间 X 的子集 X_1 按 X 中的加法和数量乘法成为一个线性空间, 则称 X_1 为 X 的一个线性子空间.

定理 2.2 线性空间 X 的非空子集 X_1 成为子空间的充要条件是 X_1 对加法和数乘是封闭的.

证明 必要性是显然的, 下面证明条件的充分性.

由于在 X_1 中线性运算及数乘运算都是封闭的, 所以定义 2.1 中的(1), (2), (5)—(8)都是成立的. 要证明 X_1 为线性空间, 只需证明 X_1 中有零元素且每个元素都有负元素就可以了.

因为 X_1 非空, 至少有一个元素 $x \in X_1$, X_1 对数乘运算封闭, 所以 $0x = \theta \in X_1$, 即 X_1 中有零元素.

因为 $\forall x \in X_1$, X_1 对数乘运算封闭, 所以在定理 2.1 的(5)中取 $k=1$ 得 $-1(x) = -x \in X_1$, 从而 $\forall x \in X_1$ 在 X_1 中有负元素.

例 2.2 验证 $C[a,b]$ 是 $R[a,b]$ 的子空间; $C^{(1)}[a,b]$ 是 $C[a,b]$ 的子空间.

解 显然 $C[a,b]$ 是 $R[a,b]$ 的子集, 由于连续函数的和及实数与连续函数

的乘积还是连续函数, 所以 $C[a,b]$ 对加法运算及数乘运算封闭, 故由定理 2.2 知 $C[a,b]$ 是 $R[a,b]$ 的子空间. 同理可说明 $C^{(1)}[a,b]$ 是 $C[a,b]$ 的子空间.

以后称线性空间中的元素为**向量**或**点**.

定义 2.3 (向量组的线性相关与线性无关)　设 $x_1,x_2,\cdots,x_n$ 是线性空间 X 中的一组向量, $k_1,k_2,\cdots,k_n$ 是一组实数, 称 $k_1x_1+k_2x_2+\cdots+k_nx_n$ 是向量组 $x_1,x_2,\cdots,x_n$ 的一个线性组合. 若当

$$k_1x_1+k_2x_2+\cdots+k_nx_n=\theta$$

时一定有 $k_1=k_2=\cdots=k_n=0$, 则称向量组 $x_1,x_2,\cdots,x_n$ 是线性无关的, 否则称其是线性相关的.

可以看出, 一个向量组是线性相关的, 则向量组中至少有一个向量可以通过向量组中其他向量线性表示出来.

例 2.3　证明线性空间 $C[a,b]$ 中的向量组 $\sin^2 x,\cos^2 x,1$ 是线性相关的, 而向量组 $\sin^2 x,\cos^2 x,x^3$ 是线性无关的.

证明　令 $k_1=1,k_2=1,k_3=-1$, 则 k_1,k_2,k_3 不全为零, 且

$$k_1\sin^2 x+k_2\cos^2 x+k_3=\sin^2 x+\cos^2 x-1=0,$$

所以 $\sin^2 x,\cos^2 x,1$ 是线性相关的.

若有实数组 k_1,k_2,k_3 使得

$$k_1\sin^2 x+k_2\cos^2 x+k_3x^3=0,\quad \forall x\in\mathbf{R}^1,$$

则

$$|k_3x^3|\leqslant|k_1\sin^2 x+k_2\cos^2 x|\leqslant|k_1|+|k_2|,\quad \forall x\in\mathbf{R}^1,$$

必有 $k_3=0$, 所以

$$k_1\sin^2 x+k_2\cos^2 x=0,\quad \forall x\in\mathbf{R}^1,$$

从而 $k_1=k_2=0$, 即 $\sin^2 x,\cos^2 x,x^3$ 是线性无关的.

定义 2.4 (线性空间的维数)　若线性空间 X 中存在线性无关的向量组 $x_1,x_2,\cdots,x_n$ 使得 X 中的任何向量 x 都可通过 $x_1,x_2,\cdots,x_n$ 线性表示出来, 即

$$x=k_1x_1+k_2x_2+\cdots+k_nx_n,$$

则称 X 是 n 维的线性空间, 称 $x_1,x_2,\cdots,x_n$ 为 X 的一组基底或简称基, 也称 X 是有限维的线性空间, 否则称 X 是无限维的线性空间.

显然 n 维欧氏空间 $\mathbf{R}^n$ 是有限维(n 维)的线性空间. 而由于对任意的自然数 n, $1,x,x^2,\cdots,x^n$ 都是线性无关的, $1,x,x^2,\cdots,x^n\in C[a,b]$, 所以线性空间 $C[a,b]$ 是无限维的.

三、线性赋范空间及其完备化

不论是数学模型本身还是求得的数学模型的解实际上都不是客观世界的真实反映, 即使是数学模型存在的解, 与我们求得的解之间往往也有差别, 如何衡量这样的差别是我们必须解决的问题. 数学模型的解往往存在于一个线性空间中, 也就是说需要建立线性空间中元素与元素之间"距离"的概念. 回顾 n 维欧氏空间中的距离概念可以发现, 实际上"距离"的概念可以通过向量的"模"(长度、范数)得到, 即两个向量 x, y 之间的距离为

$$d(x, y) = \|x - y\|. \tag{2.1}$$

因此不妨先在线性空间中建立"范数"的概念, 再由"范数"通过(2.1)来定义"距离"的概念.

定义 2.5　设 X 为实数域上的线性空间, $\|\cdot\|$ 是定义在 X 上到非负实数集上的一个映射, 且满足以下条件:

(1) $\|x\| = 0 \Leftrightarrow x = \theta$;

(2) $\|\alpha x\| = |\alpha| \|x\|, \ \forall \alpha \in \mathbf{R}, x \in X$;

(3) $\|x + y\| \leqslant \|x\| + \|y\|, \ \forall x, y \in X$,

则称 $\|\cdot\|$ 为 X 上的一个**范数**, 称 $(X, \|\cdot\|)$ 为一个**线性赋范空间**, 在意义清楚的情况下可将其简记为 X .

例 2.4　在线性空间 $X = C[a, b]$ 上定义

$$\|x\| = \max_{t \in [a, b]} |x(t)|, \quad \forall x \in X,$$

证明 $C[a, b]$ 按此"范数"成为一个线性赋范空间.

证明　(1) $\|x\| = 0 \Leftrightarrow \max_{t \in [a, b]} |x(t)| = 0 \Leftrightarrow x(t) = 0, \ \forall t \in [a, b] \Leftrightarrow x = \theta$;

(2) 对 $\forall \alpha \in \mathbf{R}, \forall x \in X$, 有 $\|\alpha x\| = \max_{t \in [a, b]} |\alpha x(t)| = |\alpha| \max_{t \in [a, b]} |x(t)| = |\alpha| \|x\|$;

(3) 对于 $\forall x, y \in X$, 记

$$\|x\| = \max_{t \in [a, b]} |x(t)| = |x(t_1)|, \ t_1 \in [a, b], \quad \|y\| = \max_{t \in [a, b]} |y(t)| = |y(t_2)|, \ t_2 \in [a, b],$$

$$\|x + y\| = \max_{t \in [a, b]} |x(t) + y(t)| = |x(t_3) + y(t_3)|, \quad t_3 \in [a, b],$$

则

$$\|x + y\| = |x(t_3) + y(t_3)| \leqslant |x(t_3)| + |y(t_3)|$$

$$\leqslant |x(t_1)| + |y(t_2)| = \|x\| + \|y\|.$$

所以 $\|\cdot\|$ 成为一个 $C[a, b]$ 上的范数, $C[a, b]$ 按此范数成为一个线性赋范空间.

称例 2.4 中的范数为 sup 范数.

例 2.5 在线性空间 $X = C[a,b]$ 上定义

$$\|x\| = \left(\int_a^b |x(t)|^p \, dt \right)^{\frac{1}{p}}, \quad p \geqslant 1, \ \forall x \in X,$$

由积分形式的闵可夫斯基(Minkowski)不等式:

$$\left(\int_a^b |x(t) + y(t)|^p \, dt \right)^{\frac{1}{p}} \leqslant \left(\int_a^b |x(t)|^p \, dt \right)^{\frac{1}{p}} + \left(\int_a^b |y(t)|^p \, dt \right)^{\frac{1}{p}}, \quad \forall x,y \in X, \quad p \geqslant 1,$$

证明 $C[a,b]$ 按此范数成为一个线性赋范空间.

证明 (1) $\|x\| = 0 \Leftrightarrow \left(\int_a^b |x(t)|^p \, dt \right)^{\frac{1}{p}} = 0 \Leftrightarrow x(t) = 0, \ \forall t \in [a,b] \Leftrightarrow x = \theta$;

(2) 对 $\forall \alpha \in \mathbf{R}, \forall x \in X$, 有 $\|\alpha x\| = \left(\int_a^b |\alpha x(t)|^p \, dt \right)^{\frac{1}{p}} = |\alpha| \left(\int_a^b |x(t)|^p \, dt \right)^{\frac{1}{p}} = |\alpha| \, \|x\|$;

(3) 对于 $\forall x, y \in X$, 由积分形式的闵可夫斯基不等式得

$$\|x + y\| = \left(\int_a^b |x(t) + y(t)|^p \, dt \right)^{\frac{1}{p}}$$

$$\leqslant \left(\int_a^b |x(t)|^p \, dt \right)^{\frac{1}{p}} + \left(\int_a^b |y(t)|^p \, dt \right)^{\frac{1}{p}} = \|x\| + \|y\|.$$

所以 $\|\cdot\|$ 成为一个 $C[a,b]$ 上的范数, $C[a,b]$ 按此范数成为一个线性赋范空间.

由例 2.4 及例 2.5 可以看出, 在同一个线性空间上可以建立不同的范数概念, 从而得到不同的线性赋范空间.

显然, n 维欧氏空间 $\mathbf{R}^n$ 是一个线性赋范空间.

例 2.6 对于线性空间 $\mathbf{R}^n$, 由有限形式的闵可夫斯基不等式:

$$\left(\sum_{i=1}^n |x_i + y_i|^p \right)^{\frac{1}{p}} \leqslant \left(\sum_{i=1}^n |x_i|^p \right)^{\frac{1}{p}} + \left(\sum_{i=1}^n |y_i|^p \right)^{\frac{1}{p}}, \quad \forall x, y \in \mathbf{R}^n, \quad p \geqslant 1,$$

证明 $\mathbf{R}^n$ 按 "范数"

$$\|x\| = \left(\sum_{i=1}^n |x_i|^p \right)^{\frac{1}{p}}, \quad p \geqslant 1$$

成为线性赋范空间.

证明 (1) $\|x\| = 0 \Leftrightarrow \left(\sum_{i=1}^n |x_i|^p \right)^{\frac{1}{p}} = 0 \Leftrightarrow x_i = 0 (i = 1, 2, \cdots, n) \Leftrightarrow x = \theta$;

(2) 对 $\forall \alpha \in \mathbf{R}, \forall x \in X$，有 $\|\alpha x\| = \left(\sum_{i=1}^{n}|\alpha x_i|^p\right)^{\frac{1}{p}} = |\alpha| \left(\sum_{i=1}^{n}|x_i|^p\right)^{\frac{1}{p}} = |\alpha|\|x\|$；

(3) 对于 $\forall x, y \in X$，由有限形式的闵可夫斯基不等式得

$$\|x+y\| = \left(\sum_{i=1}^{n}|x_i+y_i|^p\right)^{\frac{1}{p}} \leqslant \left(\sum_{i=1}^{n}|x_i|^p\right)^{\frac{1}{p}} + \left(\sum_{i=1}^{n}|y_i|^p\right)^{\frac{1}{p}} = \|x\| + \|y\|.$$

所以 $\|\cdot\|$ 成为一个 $\mathbf{R}^n$ 上的范数，$\mathbf{R}^n$ 按此范数成为一个线性赋范空间.

定义 2.6 (线性赋范空间上距离的定义)　在线性赋范空间 X 上定义运算

$$d(x, y) = \|x - y\|, \quad \forall x, y \in X, \tag{2.2}$$

称 $d(x, y)$ 为线性赋范空间 X 上两个点(向量) x, y 之间的**距离**.

定理 2.3　(2.2)定义的距离 $d(x, y)$ 满足以下条件：

(1) $d(x, y) = d(y, x), \quad \forall x, y \in X$；

(2) $d(x, y) = 0 \Leftrightarrow x = y$；

(3) $d(x, z) \leqslant d(x, y) + d(y, z)$.

证明　(1) $d(x, y) = \|x - y\| = \|(-1)(y - x)\| = |-1|\|y - x\| = d(y, x)$；

(2) $d(x, y) = 0 \Leftrightarrow \|x - y\| = 0 \Leftrightarrow x - y = \theta \Leftrightarrow x = y$；

(3) $d(x, z) = \|x - z\| = \|x - y + y - z\| \leqslant \|x - y\| + \|y - z\| = d(x, y) + d(y, z)$.

也称线性赋范空间中的向量为空间中的点，这样线性赋范空间中的点与点之间就有了"距离"的概念. 与 n 维欧氏空间类似，可以在线性赋范空间中定义"内点""邻域""开集""闭集""边界点""边界""内部""聚点""孤立点"等概念.

定义 2.7　设 r 为一个正数，称线性赋范空间中的点集

$$B(x_0, r) = \left\{ x \mid \|x - x_0\| < r, x \in X \right\},$$

$$\mathring{B}(x_0, r) = \left\{ x \mid 0 < \|x - x_0\| < r, x \in X \right\}$$

分别为以 x_0 为心、r 为半径的开球、去心开球. 开球 $B(x_0, r)$ 也称为 x_0 的球形邻域.

例 2.7　线性空间 $\mathbf{R}^2$ 按范数

$$\|x\| = \max\left\{|x_1|, |x_2|\right\}$$

定义的以原点为心的球形邻域如图 11.6 所示.

例 2.8　线性空间 $\mathbf{R}^2$ 按范数

$$\|x\| = |x_1| + |x_2|$$

定义的以原点为心的球形邻域如图 11.7 所示.

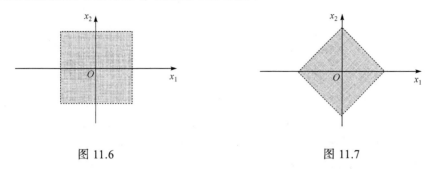

图 11.6　　　　　　　　　　　　　　图 11.7

定义 2.8　设 A 是线性赋范空间 X 的一个子集, 若存在球形邻域 $B(x_0,r)$ $\subset A$, 则称 x_0 为 A 的一个内点, 称 A 为 x_0 的一个邻域.

定义 2.9　若线性赋范空间 X 的子集 A 的每个点都是内点, 则称 A 为一个开集; 若 A^c 为开集, 则称 A 为闭集. 集合 A 的内点全体称为 A 的内部, 记为 $\overset{\circ}{A}$.

可以证明, A 的内部是 A 能包含的最大开集. 称包含 A 的最小闭集为 A 的闭包, 记为 $\overline{A}$.

定义 2.10　若对于以 x_0 为心的任何开球 $B(x_0,r)$ 都有

$$B(x_0,r)\bigcap A \neq \varnothing,$$
$$B(x_0,r)\bigcap A^c \neq \varnothing,$$

则称 x_0 为集合 A 的一个边界点, A 的边界点的全体称为 A 的边界, 记为 ∂A.

定义 2.11　对于线性赋范空间中的点集 A 及 A 中的点 x_0, 若存在去心开球 $\overset{\circ}{B}(x_0,r)\bigcap A = \varnothing$, 则称 x_0 为 A 的一个孤立点.

定义 2.12　对于线性赋范空间中的点集 A, 若对于任意的以 x_0 为心的去心开球有 $\overset{\circ}{B}(x_0,r)\bigcap A \neq \varnothing$, 则称 x_0 为 A 的一个聚点, 也称为 A 的一个极限点.

定义 2.13　设 $\{x_n\}$ 为线性赋范空间 X 的一个点列, 若对 $\forall \varepsilon > 0$, 都存在自然数 N, 只要 $n > N$, 就有 $\|x_n - x_0\| < \varepsilon$, 则称 x_0 为点列 $\{x_n\}$ 的极限, 记为 $\lim\limits_{n\to\infty} x_n$, 称 $\{x_n\}$ 是收敛的. 可以证明, 收敛数列是有界的, 其极限是唯一的.

定义 2.14　设 $\{x_n\}$ 为线性赋范空间 X 的一个点列, 若对 $\forall \varepsilon > 0$, 都存在自然数 N, 只要 $m,n > N$, 就有 $\|x_n - x_m\| < \varepsilon$, 则称点列 $\{x_n\}$ 为一个柯西(Cauchy)列.

柯西列还是有界的, 读者可以自行证明.

定理 2.4　收敛数列一定是柯西列.

证明　对 $\forall \varepsilon > 0$, 因为 $\lim\limits_{n\to\infty} x_n = x_0$, 所以存在自然数 N, 只要 $m,n > N$, 就有

$$\|x_n - x_0\| < \frac{\varepsilon}{2}, \quad \|x_m - x_0\| < \frac{\varepsilon}{2},$$

故

$$\|x_n - x_m\| = \|x_n - x_0 + x_0 - x_m\| \leqslant \|x_n - x_0\| + \|x_m - x_0\| < \varepsilon,$$

即 $\{x_n\}$ 是柯西列.

由定理 2.4 知收敛点列一定是柯西列, 那么, 柯西列一定收敛吗? 在有理数域内, 柯西列并不一定收敛, 但在实数域内, 柯西列则是收敛的.

定义 2.15　若线性赋范空间 X 的柯西列都收敛, 则称 X 是完备的. 称完备的线性赋范空间为巴拿赫(Banach)空间.

可以证明, 例 2.4 中的线性赋范空间 $C[a,b]$ 的柯西列是收敛的, 但例 2.5 中的线性赋范空间 $C[a,b]$ 的柯西列则有可能不收敛(发散). 可见即使对于同一个线性空间, 当定义的范数不同时, 所得到的线性赋范空间的完备性也不相同.

例 2.9　证明 n 维欧氏空间 $\mathbf{R}^n$ 作为线性赋范空间是完备的.

证明　只需证明 $\mathbf{R}^n$ 中的柯西列收敛就可以了. 设 $\{y^{(m)}\}$ 是 $\mathbf{R}^n$ 中的一个柯西列, 则对任意的 $\varepsilon > 0$, 存在自然数 N, 只要 $p, m > N$, 就有

$$\|y^{(m)} - y^{(p)}\| = \sqrt{(y_1^{(m)} - y_1^{(p)})^2 + (y_2^{(m)} - y_2^{(p)})^2 + \cdots + (y_n^{(m)} - y_n^{(p)})^2} < \frac{\varepsilon}{n},$$

从而

$$|y_i^{(m)} - y_i^{(p)}| < \frac{\varepsilon}{n}, \quad i = 1, \cdots, n. \tag{2.3}$$

所以 $\{y_i^{(m)}\}$ ($i = 1, \cdots, n$) 为实数集的柯西列, 有极限 $y_i^{(0)}$. 由不等式(2.3)得

$$|y_i^{(m)} - y_i^{(0)}| \leqslant \frac{\varepsilon}{n}, \quad i = 1, \cdots, n,$$

得到

$$\|y^{(m)} - y^{(0)}\| = \sqrt{(y_1^{(m)} - y_1^{(0)})^2 + (y_2^{(m)} - y_2^{(0)})^2 + \cdots + (y_n^{(m)} - y_n^{(0)})^2} \leqslant \frac{\varepsilon}{\sqrt{n}} < \varepsilon,$$

即 $\lim\limits_{n \to \infty} y^{(m)} = y^{(0)}$.

如果线性赋范空间 X 不是完备的, 那么能否将 X 加以"扩充", 使"扩充"后的空间 B 成为一个巴拿赫空间, 而 X 为 B 的一个子空间呢? 下面的定理回答了这一问题.

定理 2.5　设 X 是线性赋范空间, 若 X 不完备, 则必有巴拿赫空间 $B \supset X$, 且 B 是包含 X 的最小巴拿赫空间, 且 B 中不属于 X 的点都是 X 的聚点.

　　有理数集中的柯西列在有理数集中不一定收敛, 所以有理数集是"不完备"的, 可以理解为有理数集中有很多"空隙"——无理数. 将这些"空隙"用无理数"填起来"后得到的数集——实数集就完备了. 对于一个不完备的线性赋范空间, 也可以形象地认为空间中有一些"空隙", 当这些"空隙"被"填上"后, 空间就完备了, 所以称由一个不完备的线性赋范空间得到包含此空间的最小完备空间为此空间的"完备化".

　　由例 2.5 知, 在线性空间 $X = C[a,b]$ 上, 定义

$$\|x\| = \int_a^b |x(t)| \mathrm{d}t, \quad \forall x \in X,$$

则 $X = C[a,b]$ 成为线性赋范空间, 但 $C[a,b]$ 并不是完备的. 同样, 在线性空间 $X = R[a,b]$ 上, 规定若 $\int_a^b |x(t) - y(t)| \mathrm{d}t = 0$, 则 $x = y$, 并定义

$$\|x\| = \int_a^b |x(t)| \mathrm{d}t, \quad \forall x \in X,$$

则 $X = R[a,b]$ 成为线性赋范空间. 尽管 $R[a,b] \supset C[a,b]$, 即 $C[a,b]$ 是 $R[a,b]$ 的一个线性子空间, 但 $R[a,b]$ 仍然不是完备的. 实际上 $C[a,b]$ 与 $R[a,b]$ 有一个共同的完备化空间, 记为 $L[a,b]$, $L[a,b]$ 中的函数称为勒贝格(Lebesgue)可积的函数. 由定理 2.5 知, $L[a,b]$ 中不属于 $C[a,b]$ 的函数 $x = x(t)$ 都是 $C[a,b]$ 的聚点, 所以必有 $C[a,b]$ 中的柯西列 $\{x_n\}$ 以 x 为极限, 这样有

$$\left| \int_a^b x_n(t)\mathrm{d}t - \int_a^b x_m(t)\mathrm{d}t \right| \leqslant \int_a^b |x_n(t) - x_m(t)| \, \mathrm{d}t = \|x_n - x_m\|,$$

即数列 $\left\{ \int_a^b x_n(t)\mathrm{d}t \right\}$ 为一个实数集中的柯西列, 必收敛, 定义 $x(t)$ 的积分为

$$\int_a^b x(t)\mathrm{d}t = \lim_{n \to \infty} \int_a^b x_n(t)\mathrm{d}t,$$

称为 $x(t)$ 的勒贝格积分.

习　题　11.2

　　1. 证明: 线性空间有如下性质:

(1)　x 的负元素唯一;

(2)　$kx = \theta \Leftrightarrow k = 0$ 或 $x = \theta$;

(3)　$-(-x) = x, \quad \forall x \in X$;

(4)　$-(kx) = (-k)x = k(-x), \quad \forall k \in \mathbf{R}^1, \forall x \in X$;

(5) $k(x-y) = kx - ky, \quad \forall k \in \mathbf{R}^1, \forall x, y \in X$.

2. 证明：在线性空间 $C[a,b]$ 中的向量组 $1, x, x^2, \cdots, x^n$ 是线性无关的，并由此说明 $C[a,b]$ 是无限维的.

3. 证明：n 维欧氏空间中的子集 $W = \{(x_1, x_2, \cdots, x_n) | x_1 - 2x_2 + x_3 = 0\}$ 为一个线性子空间，并求此子空间的维数及一组基.

4. 设 V_1, V_2 是线性空间 V 的两个子空间，证明：$V_1 \cup V_2$ 是 V 的子空间的充分必要条件是 $V_1 \subset V_2$ 或 $V_2 \subset V_1$.

5. 证明：线性赋范空间中的柯西列一定是有界的.

6. 在线性空间 $X = C[-\pi, \pi]$ 上定义范数

$$\|x\| = \left(\int_{-\pi}^{\pi} |x(t)|^2 \, \mathrm{d}t \right)^{\frac{1}{2}},$$

计算 $\sin 2x, \cos 5x, x$ 的范数，并求 $\sin 2x, \cos 5x$ 之间的距离.

7. 线性空间 $\mathbf{R}^3$ 按范数

$$\|x\| = \sum_{i=1}^{3} |x_i|$$

成为线性赋范空间，试绘出其中以原点为心的单位球面.

8. 证明：线性赋范空间及空集都是开集，也是闭集.

9. 证明：线性赋范空间中的收敛点列 $\{x_n\}$ 的极限是唯一的.

10. 证明：函数 $f(x) = \dfrac{1}{\sqrt{1-x}} (0 < x \leqslant 1)$ 在 $[0,1]$ 上是勒贝格可积的，即 $f(x) \in L[0,1]$，并计算此函数的勒贝格积分.

11. 为什么要在线性空间中建立范数的概念？在线性空间上建立怎样的范数的依据是什么？

12. 证明：巴拿赫空间的线性子空间完备的充要条件是子空间为闭集.

第三节　内积空间与希尔伯特空间

一、内积空间

第二节在线性空间上建立了范数的概念，并利用范数定义了距离的概念，与第七章中的欧氏空间比较，在线性赋范空间中还缺少"角度"的概念. 本节将在线性空间上建立"内积"的概念，并利用"内积"在线性空间中建立范数及向量之间"夹角"的概念.

如何在一个线性空间上建立内积的概念呢？这里内积的概念应该是三维欧氏空间中内积概念的推广，所以考察三维欧氏空间中内积的特性对如何建

立一般线性空间中的内积概念是有帮助的. 在线性空间中有加法和数乘两种运算, 三维欧氏空间中内积运算与加法运算、数乘运算之间有如下的运算律:

(1) $a \cdot b = b \cdot a$, $\forall a, b \in \mathbf{R}^3$;

(2) $(\lambda a + \mu b) \cdot c = \lambda(a \cdot c) + \mu(b \cdot c)$, $\forall a, b, c \in \mathbf{R}^3, \forall \lambda, \mu \in \mathbf{R}^1$;

(3) 对 $\forall a \in \mathbf{R}^3$ 有 $a \cdot a \geqslant 0$, 且 $a \cdot a = 0 \Leftrightarrow a = \mathbf{0}$.

这三个性质是内积的最本质的性质, 所以在线性空间 X 上定义内积的概念.

定义 3.1 设 X 是一个线性空间, $(\cdot, \cdot)$ 是从 $X \times X$ 到 $\mathbf{R}^1$ 的一个映射, 满足条件:

(1) $(x, y) = (y, x)$, $\forall x, y \in X$;

(2) $(\lambda x + \mu y, z) = \lambda(x, z) + \mu(y, z)$, $\forall x, y, z \in X, \forall \lambda, \mu \in \mathbf{R}^1$;

(3) 对 $\forall x \in X$ 有 $(x, x) \geqslant 0$, 且 $(x, x) = 0 \Leftrightarrow x = \theta$,

则称 $(\cdot, \cdot)$ 是 X 上的一个**内积**, 称 X 为被赋予内积 $(\cdot, \cdot)$ 的**内积空间**, 简称内积空间.

显然三维空间及一般的 n 维欧氏空间都是内积空间.

例 3.1 证明在线性空间 $X = C[a, b]$ 上定义"内积":

$$(x, y) = \int_a^b x(t)y(t)\mathrm{d}t, \quad \forall x, y \in X, \tag{3.1}$$

则 X 成为一个内积空间.

证明 (1) 显然有

$$(x, y) = \int_a^b x(t)y(t)\mathrm{d}t = \int_a^b y(t)x(t)\mathrm{d}t = (y, x), \quad \forall x, y \in X;$$

(2) $(\lambda x + \mu y, z) = \int_a^b (\lambda x(t) + \mu y(t))z(t)\mathrm{d}t$

$$= \lambda \int_a^b x(t)z(t)\mathrm{d}t + \mu \int_a^b y(t)z(t)\mathrm{d}t$$

$$= \lambda(x, z) + \mu(y, z), \quad \forall x, y, z \in X, \forall \lambda, \mu \in \mathbf{R}^1.$$

(3) 显然对 $\forall x \in X$ 有 $(x, x) = \int_a^b x^2(t)\mathrm{d}t \geqslant 0$, 且

$$(x, x) = 0 \Leftrightarrow \int_a^b x(t)x(t)\mathrm{d}t = 0 \Leftrightarrow x(t) \equiv 0 \Leftrightarrow x = \theta,$$

所以 $(x, y) = \int_a^b x(t)y(t)\mathrm{d}t$ 是 X 上的内积, X 成为一个内积空间.

例 3.2 在线性空间 $R[a, b]$(在闭区间 $[a, b]$ 上黎曼可积的函数全体)上，若 $\int_a^b |x(t) - y(t)|\mathrm{d}t = 0$, 则规定 $x = y$, 可以证明 $R[a, b]$ 按内积(3.1)成为一个内积空

间. 可以证明, 在线性空间 $R^{(1)}[a,b]$ (在闭区间 $[a,b]$ 上黎曼可积的函数全体)上, 若 $\int_a^b |x(t) - y(t)| \mathrm{d}t + \int_a^b |x'(t) - y'(t)| \mathrm{d}t = 0$, 则规定 $x = y$, 可以证明 $R[a,b]$ 按内积:

$$(x, y) = \int_a^b x(t)y(t)\mathrm{d}t + \int_a^b x'(t)y'(t)\mathrm{d}t \tag{3.2}$$

成为一个内积空间.

定理 3.1　在内积空间 X 中成立柯西不等式

$$\|(x, y)\| \leqslant \sqrt{(x, x)} \sqrt{(y, y)}, \tag{3.3}$$

等号当且仅当 x, y 有线性关系时成立.

证明　当 $(y, y) = 0$ 时, 有 $y = \theta$, 从而 $(x, y) = (x, 0y) = 0(x, y) = 0$, (3.3)成立.

当 $(y, y) \neq 0$ 时, 对 $\forall \lambda \in \mathbf{R}^1, x, y \in X$ 有

$$0 \leqslant (x - \lambda y, x - \lambda y) = (x, x) - 2\lambda(x, y) + \lambda^2(y, y).$$

取 $\lambda = \dfrac{(x, y)}{(y, y)}$, 有

$$\begin{aligned}
0 &\leqslant (x, x) - 2\lambda(x, y) + \lambda^2(y, y) \\
&= (x, x) - 2\frac{(x, y)}{(y, y)}(x, y) + \frac{(x, y)^2}{(y, y)^2}(y, y) \\
&= (x, x) - \frac{(x, y)^2}{(y, y)},
\end{aligned}$$

即

$$(x, y)^2 \leqslant (x, x)(y, y),$$

得

$$\|(x, y)\| \leqslant \sqrt{(x, x)} \sqrt{(y, y)}.$$

$(x - \lambda y, x - \lambda y) = 0$ 当且仅当 $x - \lambda y = \theta$, 即 $x = \lambda y$ (x, y 有线性关系)时成立.

定理 3.2　在内积空间 X 中定义

$$\|x\| = \sqrt{(x, x)}, \tag{3.4}$$

则 $\|\cdot\|$ 成为 X 上的一个范数, X 按此范数成为一个线性赋范空间.

证明　由于对任意 $x \in X$ 有 $\|x\| = \sqrt{(x, x)} \geqslant 0$, 所以 $\|\cdot\|$ 是从 X 到非负实数集上的一个映射, 且

(1) $\|x\| = 0 \Leftrightarrow (x, x) = 0 \Leftrightarrow x = \theta$;

(2) $\|\alpha x\| = \sqrt{(\alpha x, \alpha x)} = \sqrt{\alpha^2(x,x)} = |\alpha|\|x\|,\ \forall \alpha \in \mathbf{R}^1, x \in X$;

(3) $\|x+y\|^2 = (x+y, x+y) = \|x\|^2 + 2(x,y) + \|y\|^2$

$\qquad\qquad \leqslant \|x\|^2 + 2\,|(x,y)| + \|y\|^2$

$\qquad\qquad \leqslant \|x\|^2 + 2\|x\|\|y\| + \|y\|^2$　(柯西不等式)

$\qquad\qquad = \left(\|x\| + \|y\|\right)^2,\quad \forall x,y \in X,$

得

$$\|x+y\| \leqslant \|x\| + \|y\|,\quad \forall x,y \in X, \tag{3.5}$$

故知(3.4)定义了 X 上的一个范数, 内积空间按范数(3.4)为线性赋范空间.

　　由柯西不等式(3.3), 可以定义内积空间中两个向量之间的夹角. 对于零向量 θ, 规定其方向是任意的, 所以零向量与其他向量之间的夹角是任意的. 对于两个非零向量 x,y, 定义它们之间夹角 $\widehat{(x,y)}$ 介于 0 到 π 之间, 且有

$$\cos\widehat{(x,y)} = \frac{(x,y)}{\|x\|\|y\|},$$

可由 $\cos\widehat{(x,y)}$ 的值唯一确定夹角 $\widehat{(x,y)}$.

　　例 3.3　试计算例 3.1 中内积空间 $X = C[-\pi,\pi]$ 上的向量 $x = \sin t, y = \sin 2t$ 的范数及它们之间的夹角.

　　解　　　　　$\|x\| = \left(\displaystyle\int_{-\pi}^{\pi} \sin^2 t\,\mathrm{d}t\right)^{\frac{1}{2}} = \left(\frac{1}{2}\int_{-\pi}^{\pi}(1-\cos 2t)\mathrm{d}t\right)^{\frac{1}{2}} = \sqrt{\pi},$

$$\|y\| = \left(\int_{-\pi}^{\pi} \sin^2 2t\,\mathrm{d}t\right)^{\frac{1}{2}} = \left(\frac{1}{2}\int_{-\pi}^{\pi}(1-\cos 4t)\mathrm{d}t\right)^{\frac{1}{2}} = \sqrt{\pi}.$$

因为

$$(x,y) = \int_{-\pi}^{\pi} \sin t \sin 2t\,\mathrm{d}t = -\frac{1}{2}\int_{-\pi}^{\pi}(\cos 3t - \cos t)\mathrm{d}t = 0,$$

所以

$$\cos\widehat{(x,y)} = \frac{(x,y)}{\|x\|\|y\|} = 0,$$

故 $\widehat{(x,y)} = \dfrac{\pi}{2}$, 即 $x = \sin t, y = \sin 2t$ 是垂直的.

　　定义 3.2　在内积空间 X 中, 若 $\|x\| = 1$, 则称 x 为**单位向量**, 对于非零向量 x, $x^0 = \dfrac{1}{\|x\|}x$ 为与 x 同向的单位向量, 称 (x^0, y) 为向量 y 在向量 x 上的**投影**, 记

为 $\mathrm{Prj}_x y$；称 $(x^0, y)x^0$ 为 y 在 x 上的**分量**.

例 3.4 在例 3.3 的内积空间中，求 $x_0 = t$ 在 $y_0 = \sin t$ 上的投影及分量.

解 因为

$$\|y_0\| = \left(\int_{-\pi}^{\pi} \sin^2 t \mathrm{d}t\right)^{\frac{1}{2}} = \left(\frac{1}{2}\int_{-\pi}^{\pi}(1 - \cos 2t)\mathrm{d}t\right)^{\frac{1}{2}} = \sqrt{\pi},$$

所以

$$\mathrm{Prj}_{y_0} x_0 = \frac{1}{\sqrt{\pi}}(x_0, y_0) = \frac{1}{\sqrt{\pi}}\int_{-\pi}^{\pi} t\sin t \mathrm{d}t = 2\sqrt{\pi}.$$

$x_0 = t$ 在 $y_0 = \sin t$ 上的分量为

$$(\mathrm{Prj}_{y_0} x_0)y_0 = 2\sqrt{\pi}\sin t.$$

二、希尔伯特空间

由于一个内积空间按(3.4)定义范数后成为一个线性赋范空间，自然可以讨论一个内积空间的完备性.

定义 3.3 若内积空间 X 按(3.4)定义范数后的线性赋范空间是完备的，则称此空间为一个希尔伯特空间.

例 3.1 和例 3.2 中的内积空间都不是希尔伯特空间，但它们有一个共同的完备化空间 H^2. $\forall x \in H^2$ 都有 $x, x^2 \in L[a, b]$，所以称 H^2 中的函数是**平方勒贝格可积**的.

由于内积空间自然是线性赋范空间，所以在内积空间也有邻域、开集、闭集等概念.

例 3.5 证明在内积空间 X 中一组两两垂直的向量 $x_1, x_2, \cdots, x_n$ 满足**广义勾股定理**：

$$\|x_1 + x_2 + \cdots + x_n\|^2 = \|x_1\|^2 + \|x_2\|^2 + \cdots + \|x_n\|^2.$$

证明 $\|x_1 + x_2 + \cdots + x_n\|^2 = (x_1 + x_2 + \cdots + x_n, x_1 + x_2 + \cdots + x_n)$

$$= \sum_{i,j=1}^{n}(x_i, x_j)$$

$$= \sum_{i=1}^{n}(x_i, x_i)$$

$$= \|x_1\|^2 + \|x_2\|^2 + \cdots + \|x_n\|^2.$$

习 题 11.3

1. 在线性空间 $R[a,b]$ (在闭区间 $[a,b]$ 上黎曼可积的函数全体)上，若 $\int_a^b |x(t)-y(t)|\mathrm{d}t=0$，则规定 $x=y$，证明 $R[a,b]$ 按内积

$$(x,y)=\int_a^b x(t)y(t)\mathrm{d}t, \quad \forall x,y \in R[a,b]$$

成为一个内积空间.

2. 在线性空间 $R^{(1)}[a,b]$ (在闭区间 $[a,b]$ 上导函数黎曼可积的函数全体)上，若

$$\int_a^b |x(t)-y(t)|\mathrm{d}t+\int_a^b |x'(t)-y'(t)|\mathrm{d}t = 0,$$

则规定 $x=y$．证明 $R[a,b]$ 按内积：

$$(x,y)=\int_a^b x(t)y(t)\mathrm{d}t+\int_a^b x'(t)y'(t)\mathrm{d}t$$

成为一个内积空间.

3. 试计算例 3.1 中内积空间 $X=C[-\pi,\pi]$ 上的向量 $x=\sin t, y=t$ 的范数及它们之间的夹角.

4. 证明：内积空间 X 中两个向量 x,y 垂直的充要条件是 $\|x-y\|=\|x+y\|$.

5. 证明：内积空间 X 中两个向量 x,y 垂直的充要条件是

$$\|x+\alpha y\| \geqslant \|x\|, \quad \forall \alpha \in \mathbf{R}.$$

6. 设 $e_1,e_2,\cdots,e_n$ 是内积空间 X 中的一组标准正交向量，对于 $x \in X$，记

$$F(\alpha_1,\alpha_2,\cdots,\alpha_n)=\left\|x-\sum_{i=1}^n \alpha_i e_i\right\|, \quad (\alpha_1,\alpha_2,\cdots,\alpha_n) \in \mathbf{R}^n.$$

证明：$F(\alpha_1,\alpha_2,\cdots,\alpha_n)$ 达到极小值的充要条件是 $\alpha_i=(x,e_i)(i=1,2,\cdots,n)$.

7. 伯恩斯坦定理：对于 $X=C[a,b]$ 中的函数 x，都可用多项式按 sup 范数逼近. 内积空间 $X=C[a,b]$ 的内积为

$$(x,y)=\int_a^b x(t)y(t)\mathrm{d}t, \quad \forall x,y \in C[a,b].$$

证明：若 x 与所有的 $y_n=t^n(n=0,1,2,\cdots)$ 都垂直，则 $x=\theta=0$.

8. 内积空间中可由内积定义范数，研究线性赋范空间中可由范数定义内积的条件.

第四节 算子与泛函

由于数学模型的求解可以看成是求一个映射某个特定像的原像，所以要求出数学模型的解，研究映射的性质是至关重要的.

一、算子与泛函数的概念

定义 4.1 (算子)　设 X, Y 均为线性赋范空间, $D \subset X$ 非空, 则称从 D 到 Y 的一个映射 T 为一个 D 上的**算子**, 记为

$$y = T(x), \quad x \in D$$

或者

$$T : D \to Y,$$

称 D 为算子 T 的**定义域**, y 为 x 的**像**, x 为 y 的**原像**, 像的全体 $T(D)$ 为 T 的**值域**, 称集合

$$G(T) = \{(x, T(x)) \mid x \in D\}$$

为算子 T 的**图像**.

定义 4.2 (线性算子)　设 X, Y 均为线性空间, T 是 X 到 Y 的算子, 且满足

$$T(\alpha x + \beta y) = \alpha Tx + \beta Ty \quad (\alpha, \beta \in \mathbf{R}, x, y \in X),$$

则称 T 为从 X 到 Y 的**线性算子**.

容易看出, 上述等式可推广到更一般的情形: $T\left(\sum_i \alpha_i x_i\right) = \sum_i \alpha_i Tx_i$.

定义 4.3 (泛函数)　若算子的定义域 D 是线性赋范空间的子集, 值域是数域的子集, 则称算子为**泛函数**, 简称**泛函**. 若泛函数还是线性的, 则称其为**线性泛函**.

定义 4.4 (有界算子)　设 $T : X \to Y$ 是一个线性算子, 令

$$\|T\| = \sup_{x \neq 0} \|Tx\| / \|x\|,$$

若 $\|T\| < \infty$, 则称 T 为从 X 到 Y 的**有界算子**, 且称 $\|T\|$ 为 T 的**算子范数**, 简称为**范数**. 若 $\|T\| = \infty$, 则称 T 为**无界算子**. 称有界的线性算子为**有界线性算子**.

以 $L(X, Y)$ 记从 X 到 Y 的有界线性算子之全体, $L(X, X)$ 简写为 $L(X)$.

例 4.1　设 $D = [a, b]$, 给定 $\varphi \in C(D)$. 定义

$$T(u) = \varphi(x)u(x) \quad (x \in D, u \in C(D)),$$

验证 T 是从 $C(D)$ 到自身的线性算子并求 $\|T\|$.

解　对于 $\forall u, v \in C(D), \forall \alpha, \beta \in \mathbf{R}$, 有

$$T(\alpha u + \beta v) = \varphi(x)(\alpha u(x) + \beta v(x))$$
$$= \alpha\varphi(x)u(x) + \beta\varphi(x)v(x) = \alpha T(u) + \beta T(v),$$

所以 T 是从 $C(D)$ 到自身的线性算子.

按定义

$$\|T\| = \sup_{x \neq 0} \|Tx\| / \|x\| = \sup \frac{\max |\varphi(x)u(x)|}{\max |u(x)|}.$$

当 $u(x) \equiv 1$ 时,

$$\frac{\max |\varphi(x)u(x)|}{\max |u(x)|} = \max |\varphi(x)|,$$

所以

$$\|T\| \geqslant \max |\varphi(x)|. \tag{4.1}$$

而对 $\forall u \in C(D)$, 有

$$\frac{\max |\varphi(x)u(x)|}{\max |u(x)|} \leqslant \frac{\max |\varphi(x)| \cdot \max |u(x)|}{\max |u(x)|} = \max |\varphi(x)|,$$

所以

$$\|T\| = \sup_{x \neq 0} \|Tx\| / \|x\| = \sup \frac{\max |\varphi(x)u(x)|}{\max |u(x)|} \leqslant \max |\varphi(x)|. \tag{4.2}$$

由(4.1)及(4.2)得

$$\|T\| = \max |\varphi(x)|,$$

可见 T 是一个有界线性算子.

二、算子与泛函的极限与连续性

函数的微分学里用函数的极限理论研究了函数的性质, 如连续性和可导(可微)性, 同样, 也可以建立算子的极限理论, 并利用其来研究算子的连续性和可导(可微)性.

定义 4.5 设 X, Y 均为线性赋范空间, $D \subset X$ 非空, T 为一个 D 上的算子, x_0 为一个 D 中的一个聚点, $A \in Y$. 若对任意的 $\varepsilon > 0$, 都存在 $\delta > 0$, 只要 $x \in D \bigcap \overset{\circ}{B}(x_0, \delta)$, 就有

$$\|T(x) - A\| < \varepsilon,$$

则称 A 为 T 在 x_0 处的极限, 记为 $\lim_{x \to x_0} T(x)$.

定理 4.1 (极限的唯一性) 若算子 T 在 x_0 处的极限存在, 则极限是唯一的.

证明 反证法. 若算子 T 在 x_0 处至少有两个不相同的极限 $A_1, A_2 \in Y$, 则对 $\varepsilon = \frac{\|A_1 - A_2\|_Y}{2}$, 因为 $\lim_{x \to x_0} T(x) = A_1$, 所以存在 $\delta_1 > 0$, 只要 $x \in D \bigcap \overset{\circ}{B}(x_0, \delta_1)$, 就有

$$\|T(x) - A_1\| < \varepsilon = \frac{\|A_1 - A_2\|_Y}{2}. \tag{4.3}$$

又因为 $\lim\limits_{x \to x_0} T(x) = A_2$，所以存在 $\delta_2 > 0$，只要 $x \in D \bigcap \overset{\circ}{B}(x_0, \delta_2)$，就有

$$\|T(x) - A_2\|_Y < \varepsilon = \frac{\|A_1 - A_2\|_Y}{2}. \tag{4.4}$$

取 $\delta = \min\{\delta_1, \delta_2\}$，则当 $x \in D \bigcap \overset{\circ}{B}(x_0, \delta)$ 时，由(4.3),(4.4)有

$$\|A_1 - A_2\|_Y = \|T(x) - A_2 - (T(x) - A_1)\|_Y \leqslant \|T(x) - A_2\|_Y + \|T(x) - A_2\|_Y$$

$$< \frac{\|A_1 - A_2\|_Y}{2} + \frac{\|A_1 - A_2\|_Y}{2} = \|A_1 - A_2\|_Y,$$

矛盾，所以算子 T 在 x_0 处的极限是唯一的.

可以证明，与函数的极限一样，算子的极限具有线性性.

定义 4.6 设 X, Y 均为线性赋范空间，$D \subset X$ 非空，T 为一个 D 上的算子，$x_0 \in D$ 且为 D 中的一个聚点，若 $\lim\limits_{x \to x_0} T(x) = T(x_0)$，则称 T 在 x_0 处是连续的. 若 T 在 D 上的每个点处都连续，则称 T 在 D 上是连续的，也称 T 是连续的.

定理 4.2 设 $T: X \to Y$ 是一个线性算子，则 T 有界 $\Leftrightarrow$ T 连续.

证明 若 T 有界，由 T 的定义有

$$\|T\| = \sup_{x \neq 0} \|Tx\| / \|x\| \geqslant \|Tx\| / \|x\|, \quad x \neq \theta, \tag{4.5}$$

即

$$\|Tx\| \leqslant \|T\|\|x\|, \quad x \neq \theta. \tag{4.6}$$

当 $x = \theta$ 时，

$$\|T(\theta)\| = \|T(0x)\| = \|0T(x)\| = \|\theta\| = 0 \leqslant \|T\|\|\theta\|. \tag{4.7}$$

对于 X 中任一点 x_0，由(4.6),(4.7)得

$$\|Tx\| \leqslant \|T\|\|x\|, \quad \forall x \in X, \tag{4.8}$$

$$\|T(x) - T(x_0)\| = \|T(x - x_0)\| \leqslant T\|x - x_0\|. \tag{4.9}$$

对任意的 $\varepsilon > 0$，若 $T = 0$，则 $T(x) = T(x_0)$，所以 $\lim\limits_{x \to x_0} T(x) = T(x_0)$；若 $T > 0$，则对任意的 $\varepsilon > 0$，取 $\delta = \dfrac{\varepsilon}{T}$，当 $x \in \overset{\circ}{B}(x_0, \delta)$ 时，就有

$$\|T(x) - T(x_0)\| \leqslant T\|x - x_0\| < \varepsilon,$$

即 $\lim\limits_{x \to x_0} T(x) = T(x_0)$，故 T 在 X 中任一点 x_0 处连续，即 T 在 X 上连续.

反之，设 T 在 X 上连续，但无界，则必有 X 中的点列 $\{x_n\}$ 使得

$$\frac{\|T(x_n)\|}{\|x_n\|} = k_n \to +\infty, \tag{4.10}$$

即

$$\left\| T\left(\frac{x_n}{k_n \|x_n\|} \right) \right\| = 1, \tag{4.11}$$

但 $\lim\limits_{n\to +\infty} \dfrac{x_n}{k_n \|x_n\|} = \theta$，$T$ 在 θ 处连续，所以

$$\lim_{n\to +\infty} \left\| T\left(\frac{x_n}{k_n \|x_n\|} \right) \right\| = \lim_{n\to \infty} \left\| T\left(\frac{x_n}{k_n \|x_n\|} \right) - T(\theta) \right\| = 0, \tag{4.12}$$

(4.11)与(4.12)矛盾，故 T 有界.

例 4.2 设 $J = [0,\pi]$，在 $C^{(1)}(J)$ 与 $C(J)$ 中均采用 sup 范数.

$$T = \frac{\mathrm{d}}{\mathrm{d}x} : C^{(1)}(J) \to C(J), \quad u \to u'$$

是一个线性算子. 证明 T 在 $C^{(1)}(J)$ 上不连续.

证明 令 $u_n(x) = \sin nx$，则 $\|u_n\|_0 = 1$，而 $\|u_n'\|_0 = n$，可见 T 是无界算子，故 T 不在 $C^{(1)}(J)$ 上连续.

例 4.3 设 $J = [a,b](a<b)$，$C^{(1)}(J)$ 与 $C(J)$ 中均采用 sup 范数，考虑积分算子

$$T(u) = \int_a^x u(t)\mathrm{d}t, \quad u \in C(J), \tag{4.13}$$

显然 T 是线性算子，证明 T 在 $C(J)$ 上连续.

证明 因为

$$\begin{aligned}
\|T(u)\| &= \max_{a\leqslant x\leqslant b} \left| \int_a^x u(t)\mathrm{d}t \right| \leqslant \max_{a\leqslant x\leqslant b} \int_a^x |u(t)|\,\mathrm{d}t \\
&\leqslant |b-a| \max_{a\leqslant x\leqslant b} |u(x)| = |b-a| \|u\|,
\end{aligned}$$

所以 T 在 $C(J)$ 上有界，故由定理 4.2 知证明 T 在 $C(J)$ 上连续.

可以证明，线性算子连续的充要条件是其在 θ 处连续.

三、不动点与压缩映像定理

对于一个从线性赋范空间 X 到其自身的映射(算子)T，求解方程

$$T(x) = \theta \tag{4.14}$$

等价于求解方程

$$T(x) + x = x. \tag{4.15}$$

令 $T(x) + x = F(x)$，则方程(4.15)为

$$F(x) = x, \tag{4.16}$$

满足 $F(x) = x$ 的点 x 称为映射 F 的**不动点**. 方程(4.14)—(4.16)说明求方程的解可化为求一个与之密切相关的另一个映射的不动点的问题.

定义 4.7　设 T 为 $D \subset X$ 到线性赋范空间 Y 的算子, 若存在实数 $\alpha, 0 < \alpha < 1$, 使得

$$\| T(x_1) - T(x_2) \| \leqslant \alpha \| x_1 - x_2 \|, \quad \forall x_1, x_2 \in D,$$

则称 T 为 D 上的一个**压缩映像**.

可以证明, 压缩映像一定是连续的算子(读者自证).

定理 4.3 (压缩映像定理)　设 T 为巴拿赫空间 X 到 X 的压缩映像, 则 T 必有唯一不动点.

证明　在 X 中任取一个点 x_1, 令

$$x_{n+1} = T(x_n) \quad (n = 1, 2, \cdots), \tag{4.17}$$

则有

$$\begin{aligned}
\| x_{n+p} - x_n \| &= \| x_{n+p} - x_{n+p-1} + x_{n+p-1} - x_{n+p-2} + \cdots + x_{n+1} - x_n \| \\
&\leqslant \| x_{n+p} - x_{n+p-1} \| + \| x_{n+p-1} - x_{n+p-2} \| + \cdots + \| x_{n+1} - x_n \| \\
&\leqslant \alpha^{p-1} \| x_{n+1} - x_n \| + \alpha^{p-2} \| x_{n+1} - x_n \| + \cdots + \| x_{n+1} - x_n \| \\
&= (\alpha^{p-1} + \alpha^{p-2} + \cdots + 1) \| x_{n+1} - x_n \| \\
&\leqslant (\alpha^{p-1} + \alpha^{p-2} + \cdots + 1) \alpha^{n-1} \| x_2 - x_1 \| \\
&\leqslant \frac{\alpha^{n-1}}{1-\alpha} \| x_2 - x_1 \|.
\end{aligned}$$

由于 $\lim\limits_{n \to \infty} \dfrac{\alpha^{n-1}}{1-\alpha} \| x_2 - x_1 \| = 0$, 所以点列 $\{x_n\}$ 为柯西列, 在 X 中收敛, 记 $\lim\limits_{n \to \infty} x_n = x_0$. 由于 T 在 x_0 处连续, 由(4.17)得 $T(x_0) = x_0$, 即 x_0 为 T 的不动点.

若 T 由两个不动点 x_0, y_0, 则有

$$\| x_0 - y_0 \| = \| T(x_0) - T(y_0) \| \leqslant \alpha \| x_0 - y_0 \| < \| x_0 - y_0 \|,$$

矛盾, 故 T 的不动点是唯一的.

定理 4.3 不仅保证了压缩映像不动点的存在唯一性, 证明过程也得到了计算不动点近似值的**迭代法**, 即公式(4.17).

例 4.4　设 $(x_0, y(x_0))$ 是平面区域 D 上的一个内点, 存在正数 L 使在 D 上的连续函数 $f(x, y)$ 满足条件

$$|f(x, y_1) - f(x, y_2)| \leqslant L |y_1 - y_2|, \quad \forall (x, y_1), (x, y_2) \in D,$$

证明初值问题

$$\begin{cases} \dfrac{\mathrm{d}y}{\mathrm{d}x} = f(x,y), \\ y(x_0) = y_0 \end{cases} \tag{4.18}$$

在 $(x_0, y(x_0))$ 的一个邻域内存在唯一解.

证明　方程的求解等价于求解积分方程

$$y - y_0 = \int_{x_0}^{x} f(t,y)\mathrm{d}t. \tag{4.19}$$

由于 (x_0, y_0) 是区域 D 上的一个内点, 所以存在一个以 (x_0, y_0) 为中心的矩形区域 $D_0 = [x_0 - h, x_0 + h] \times [y_0 - a, y_0 + a] \subset D$, 其中 $h, a > 0$. 记

$$T(y) = y_0 + \int_{x_0}^{x} f(t,y)\mathrm{d}t, \tag{4.20}$$

则积分方程(4.20)的解就是映射 T 的不动点. 记 $\delta = \min\left\{h, \dfrac{1}{4L}\right\}$, T 是巴拿赫空间 $C[x_0 - \delta, x_0 + \delta]$ 到其自身的映射, 且

$$\begin{aligned} \| T(y_1) - T(y_2) \| &= \max_{x \in [x_0 - \delta, x_0 + \delta]} \left| \int_{x_0}^{x} [f(t,y_1) - f(t,y_2)]\mathrm{d}t \right| \\ &\leqslant \left| \max_{x \in [x_0 - \delta, x_0 + \delta]} \int_{x_0}^{x} | f(t,y_1) - f(t,y_2) | \, \mathrm{d}t \right| \\ &\leqslant \left| \max_{x \in [x_0 - \delta, x_0 + \delta]} \int_{x_0}^{x} L | y_1 - y_2 | \, \mathrm{d}t \right| \\ &\leqslant 2\delta L \| y_1 - y_2 \| \\ &\leqslant \frac{1}{2} \| y_1 - y_2 \|, \end{aligned}$$

所以 T 为压缩映像, 有唯一不动点, 即方程(4.18)在 $(x_0, y(x_0))$ 的一个邻域内存在唯一解.

例 4.5　用迭代法(4.17)求初值问题 $\begin{cases} \dfrac{\mathrm{d}y}{\mathrm{d}x} = y, \\ y(0) = 1 \end{cases}$ 的解.

解　取 $y_1 = 1$, 则

$$y_2 = 1 + \int_0^x \mathrm{d}t = 1 + x,$$

$$y_3 = 1 + \int_0^x (1+t)\mathrm{d}t = 1 + x + \frac{x^2}{2},$$

$$y_4 = 1 + \int_0^x \left(1 + t + \frac{t^2}{2}\right)\mathrm{d}t = 1 + x + \frac{x^2}{2!} + \frac{x^3}{3!}.$$

若

$$y_n = 1 + x + \frac{x^2}{2!} + \frac{x^3}{3!} + \cdots + \frac{x^{n-1}}{(n-1)!},$$

则

$$y_{n+1} = \int_0^x \left(1 + t + \frac{t^2}{2!} + \frac{t^3}{3!} + \cdots + \frac{t^{n-1}}{(n-1)!}\right)\mathrm{d}t = 1 + x + \frac{x^2}{2!} + \frac{x^3}{3!} + \cdots + \frac{x^n}{n!},$$

所以方程的解为

$$y = \lim_{n\to\infty} y_{n+1} = \sum_{n=0}^{\infty} \frac{x^n}{n!} = \mathrm{e}^x, \quad x \in \mathbf{R}.$$

习　题　11.4

1. 设 X,Y 均为线性赋范空间, $D \subset X$ 非空, T,F 均为 D 到 Y 的算子, x_0 为 D 中的一个聚点. 证明: 若 T,F 在 x_0 处都有极限, 则

(1) $\lim\limits_{x\to x_0}(T(x) + F(x)) = \lim\limits_{x\to x_0} T(x) + \lim\limits_{x\to x_0} F(x)$;

(2) $\lim\limits_{x\to x_0} \alpha T(x) = \alpha \lim\limits_{x\to x_0} T(x)$.

2. 证明: 压缩映像一定是连续的.

3. 证明: 线性算子连续的充要条件是其在 θ 处连续.

4. 用迭代法(4.17)求初值问题 $\begin{cases} \dfrac{\mathrm{d}y}{\mathrm{d}x} = xy, \\ y(0) = 1 \end{cases}$ 的解.

5. 设 $|\lambda| < 1$, 证明 $C[0,1]$ 上的积分方程

$$x(s) = \lambda \int_0^1 \sin x(t)\mathrm{d}t + y(s)$$

在 $C[0,1]$ 中存在唯一解, 其中 $y(s) \in C[0,1]$.

6. 证明下面定义的 F 为连续线性泛函, 并求 $\|F\|$:

(1) $n_0 \in \mathbf{N}, F(x) = x_{n_0}, \forall x = \{x_n\} \in l^p (1 \leqslant p \leqslant \infty)$;

(2) $t_0 \in [a,b], F(x) = x(t_0), \forall x = x(t) \in C[a,b]$, $C[a,b]$ 上的范数为 sup 范数;

(3) $t_0 \in [a,b], F(x) = \int_a^{t_0} x(s)\mathrm{d}s, \forall x = x(t) \in C[a,b]$, $C[a,b]$ 上的范数为 sup 范数.

7. 设 X,Y 是线性赋范空间, $T: X \to Y$ 是线性算子, 证明 $G(T)$ 为闭集的充要条件是

当 $\forall x_n \to \theta, T(x_n) \to y$ 时, $y = \theta$.

第十二章 有限维逼近与无穷级数

若数学模型的解 x 存在于一个有限维的线性空间 X 中, 则其必可表示为

$$x = k_1 x_1 + k_2 x_2 + \cdots + k_n x_n,$$

其中 $x_1, x_2, \cdots, x_n$ 为 X 的一组基底, 是已知的, 这样求解 x 的问题就转化为求实数组 $k_1, k_2, \cdots, k_n$ 的问题, 一般说来求实数组 $k_1, k_2, \cdots, k_n$ 比直接求 x 容易得多. 但对于很多的数学模型, 其解往往是一个函数, 存在于由函数构成的线性空间中, 而这样的线性空间一般都是无限维的, 本章将讨论解决这一矛盾的基本思路和基本方法.

第一节 无穷维空间中的有限维逼近

一、有限维空间及其基底

定理 1.1 设 S 是线性空间 X 的一个子集, 则集合

$$L(S) = \{x \mid x = k_1 x_1 + k_2 x_2 + \cdots + k_n x_n, \forall n \in \mathbf{N}^+, \forall k_i \in \mathbf{R}^1, \forall x_i \in S, i = 1, 2, \cdots, n\}$$

为 X 的一个线性子空间, 称为由 S 张成的子空间.

证明 只需证明 $L(S)$ 对于线性运算是封闭的就可以了. 对 $\forall x, y \in L(S), \lambda, \mu \in \mathbf{R}^1$, 设

$$x = k_1^{(1)} x_1 + k_2^{(1)} x_2 + \cdots + k_p^{(1)} x_p,$$
$$y = k_1^{(2)} y_1 + k_2^{(2)} y_2 + \cdots + k_m^{(2)} y_m,$$

则有

$$\lambda x + \mu y = \lambda(k_1^{(1)} x_1 + k_2^{(1)} x_2 + \cdots + k_p^{(1)} x_p) + \mu(k_1^{(2)} y_1 + k_2^{(2)} y_2 + \cdots + k_m^{(2)} y_m) \in L(S),$$

即 $L(S)$ 对于线性运算是封闭的.

定理 1.2 若线性空间 X 的子空间 X_1 中存在线性无关的向量组 $x_1, x_2, \cdots, x_n$, 且在 X_1 中没有向量个数大于 n 的线性无关的向量组, 则 X_1 是以 $x_1, x_2, \cdots, x_n$ 为基底的 n 维线性空间, 且

$$X_1 = L(S) = \{x \mid x = k_1 x_1 + k_2 x_2 + \cdots + k_n x_n, \forall k_i \in \mathbf{R}^1, i = 1, 2, \cdots, n\}.$$

证明 由于 X_1 对线性运算是封闭的, 所以 $X_1 \supset L(S)$. 若有 $x \in X_1$, 但 $x \in L(S)$,

则 $x, x_1, x_2, \cdots, x_n$ 是线性相关的, 即存在不全为零的实数 $k, k_1, k_2, \cdots, k_n$ 使得

$$kx + k_1 x_1 + k_2 x_2 + \cdots + k_n x_n = \theta.$$

上式中 $k \neq 0$, 否则 $x_1, x_2, \cdots, x_n$ 将是线性无关的, 故

$$x = \left(-\frac{k_1}{k}\right) x_1 + \left(-\frac{k_2}{k}\right) x_2 + \cdots + \left(-\frac{k_n}{k}\right) x_n,$$

仍然有 $x \in L(S)$, 从而 $X_1 = L(S)$.

从定理 1.2 可以看出, 若线性空间中存在一个最大的线性无关组, 则此空间是一个有限维的线性空间. 可以在空间中找一个最大线性无关组, 此线性无关组就是空间的基底, 空间可由此线性无关组张成, 且空间的维数就是此线性无关组向量的个数. 也就是说, 对于有限维的线性空间 X, 若 $x_1, x_2, \cdots, x_n$ 是空间中的一组最大线性无关组, 则 X 中的任一向量 x 均可表示为

$$x = k_1 x_1 + k_2 x_2 + \cdots + k_n x_n, \quad k_i \in \mathbf{R}^1, \quad i = 1, 2, \cdots, n.$$

例 1.1　求由线性空间 $C(-\infty, +\infty)$ 中的向量组 $1, x^2, \sin^2 x, \cos^2 x$ 张成的子空间 X_1, 并说明 X_1 是几维的线性空间.

解　首先可以验证向量组 $1, x^2, \sin^2 x, \cos^2 x$ 是线性相关的, 但是向量组 $1, x^2, \sin^2 x$ 是线性无关的, 这是因为, 若

$$k_1 \cdot 1 + k_2 x^2 + k_3 \sin^2 x \equiv 0,$$

两边求三阶导数得

$$k_3 (-4 \sin 2x) \equiv 0,$$

所以 $k_3 = 0$, 故 $k_1 = 0, k_2 = 0$, 即 $1, x^2, \sin^2 x$ 是线性无关的, 其张成的子空间为

$$X_1 = \{y \mid y = k_1 + k_2 x^2 + k_3 \sin^2 x, \forall k_1, k_2, k_3 \in \mathbf{R}^1\},$$

X_1 是三维的线性空间.

定义 1.1　向量组 $x_1, x_2, \cdots, x_n$ 中线性无关向量组的向量的最大个数称为向量组的秩.

由秩的定义可知, 例 1.1 中的向量组 $1, x^2, \sin^2 x, \cos^2 x$ 的秩为 3.

秩为 m 的向量组 $x_1, x_2, \cdots, x_n$ (显然有 $m \leqslant n$) 张成的子空间的维数为 m.

二、内积空间中有限维子空间的标准正交基

定义 1.2　若内积空间 X 中的子集 A 中的向量是两两正交的, 则称 A 为正交集, 若正交集 A 中的向量都是单位向量, 则称 A 为标准正交集.

定义 1.3　若有限维内积空间的基底 $x_1, x_2, \cdots, x_n$ 是标准正交集, 则称其为 X 的标准正交基.

定理 1.3 (格拉姆-施密特(Gram-Schmidt)正交化过程)　设内积空间 X 中向量组 $x_1, x_2, \cdots, x_n$ 线性无关, 则必存在 X 中的标准正交集 $e_1, e_2, \cdots, e_n$, 使得

$$L(x_1, x_2, \cdots, x_n) = L(e_1, e_2, \cdots, e_n).$$

证明　令

$$u_1 = x_1,$$

$$u_2 = x_2 - \frac{(x_2, u_1)}{(u_1, u_1)} u_1,$$

$$u_3 = x_3 - \frac{(x_3, u_1)}{(u_1, u_1)} u_1 - \frac{(x_3, u_2)}{(u_2, u_2)} u_2,$$

$$\cdots\cdots$$

$$u_n = x_n - \frac{(x_n, u_1)}{(u_1, u_1)} u_1 - \frac{(x_n, u_2)}{(u_2, u_2)} u_2 - \cdots - \frac{(x_n, u_{n-1})}{(u_{n-1}, u_{n-1})} u_{n-1},$$

则 $u_1, u_2, \cdots, u_n$ 均为非零向量且两两正交, 由于正交集一定是线性无关的向量组, 所以 $u_1, u_2, \cdots, u_n$ 可以作为 $L(x_1, x_2, \cdots, x_n)$ 的基底, 即

$$L(x_1, x_2, \cdots, x_n) = L(u_1, u_2, \cdots, u_n),$$

再令 $e_i = \dfrac{1}{\|u_i\|} u_i (i = 1, 2, \cdots, n)$, 即得

$$L(x_1, x_2, \cdots, x_n) = L(e_1, e_2, \cdots, e_n).$$

由定理 1.3 知有限维内积空间中一定存在标准正交基.

例 1.2　用格拉姆-施密特正交化过程确定欧氏空间 $\mathbf{R}^3$ 中的向量 $a = (1, 0, 1)$, $b = (1, 1, 0)$ 张成的子空间的标准正交基.

解　因为

$$u_2 = b - \frac{(b, u_1)}{(u_1, u_1)} u_1 = (1, 1, 0) - \frac{(1, 1, 0) \cdot (1, 0, 1)}{(1, 0, 1) \cdot (1, 0, 1)}(1, 0, 1) = \left(\frac{1}{2}, 1, -\frac{1}{2}\right), \quad u_1 = a = (1, 0, 1),$$

所以

$$e_1 = \frac{1}{\|u_1\|} u_1 = \frac{\sqrt{2}}{2}(1, 0, 1), \quad e_2 = \frac{1}{\|u_2\|} u_2 = \frac{\sqrt{2}}{\sqrt{3}}\left(\frac{1}{2}, 1, -\frac{1}{2}\right).$$

例 1.3　用格拉姆-施密特正交化过程确定内积空间 $L^2[-\pi, \pi]$ 中的向量组 $1, x$, $\sin x$ 张成的子空间的一组标准正交基.

解　容易证明 $1, x, \sin x$ 是线性无关的, 由格拉姆-施密特正交化过程得

$$u_1 = 1, \quad u_2 = x - \frac{(x, 1)}{(1, 1)} \cdot 1 = x - \frac{\displaystyle\int_{-\pi}^{\pi} x \, \mathrm{d}x}{\displaystyle\int_{-\pi}^{\pi} \mathrm{d}x} = x,$$

$$u_3 = \sin x - \frac{(\sin x, 1)}{(1,1)} \cdot 1 - \frac{(\sin x, x)}{(x,x)} \cdot x = \sin x - \frac{3}{\pi^2} x,$$

计算得

$$\|u_1\| = \sqrt{\int_{-\pi}^{\pi} 1 \cdot 1 \mathrm{d}x} = \sqrt{2\pi}, \quad \|u_2\| = \sqrt{\int_{-\pi}^{\pi} x^2 \mathrm{d}x} = \frac{\sqrt{2}}{\sqrt{3}} \pi\sqrt{\pi},$$

$$\|u_3\| = \sqrt{\int_{-\pi}^{\pi} \left(\sin^2 x - \frac{3}{\pi^2} \right)^2 \mathrm{d}x} = \frac{\sqrt{3\pi^4 - 48\pi^2 + 144}}{2\pi\sqrt{2\pi}},$$

所以

$$e_1 = \frac{1}{\|u_1\|} u_1 = \frac{1}{\sqrt{2\pi}}, \quad e_2 = \frac{1}{\|u_2\|} u_2 = \frac{\sqrt{3}}{\pi\sqrt{2\pi}} x,$$

$$e_3 = \frac{1}{\|u_3\|} u_3 = \frac{2\pi\sqrt{2\pi}}{\sqrt{3\pi^4 - 48\pi^2 + 144}} \left(\sin x - \frac{3}{\pi^2} x \right).$$

三、无穷维空间中的有限维逼近

本章开头已提到, 很多数学模型的解存在于无穷维的线性空间中, 不能像有限维空间中求解那样只需求出解的系数 $k_1, k_2, \cdots, k_n$ 即可得到解 $x = k_1 x_1 + k_2 x_2 + \cdots + k_n x_n$, 其中 $x_1, x_2, \cdots, x_n$ 是空间的基底. 这里的想法是, 在方程的解所在的空间中构造子空间

$$X_n = \{ x \mid x = k_1 x_1 + k_2 x_2 + \cdots + k_n x_n, \forall k_1, k_2, \cdots, k_n \in \mathbf{R}^1 \},$$

然后在此子空间中求与方程的解尽量接近的向量作为方程的近似解, 则求此近似解只需求近似解 $x = k_1 x_1 + k_2 x_2 + \cdots + k_n x_n$ 中的系数 $k_1, k_2, \cdots, k_n$ 就可以了. 构造子空间的常用基本方法又有两种: 第一种方法是随着 n 的增加, 子空间的基底 $x_1, x_2, \cdots, x_n$ 也跟着变化, 工程上常用的 "有限元分析" 就是基于此种方法; 第二种方法是选定一个点列 $\{x_n\}$, 若在子空间

$$X_n = \{ x \mid x = k_1 x_1 + k_2 x_2 + \cdots + k_n x_n, \forall k_1, k_2, \cdots, k_n \in \mathbf{R}^1 \}$$

中求出了近似解 $s_n = k_1 x_1 + k_2 x_2 + \cdots + k_n x_n$, 为了提高近似解的精度, 再在子空间

$$X_{n+1} = \{ x \mid x = k_1 x_1 + k_2 x_2 + \cdots + k_{n+1} x_{n+1}, \forall k_1, k_2, \cdots, k_{n+1} \in \mathbf{R}^1 \}$$

中求 $s_{n+1} = k_1 x_1 + k_2 x_2 + \cdots + k_{n+1} x_{n+1}$, 其中 $k_1, k_2, \cdots, k_n$ 保持不变, 与 s_n 中的相同, 只要确定 k_{n+1} 就可以了. 显然第二种方法的计算量相比第一种方法更小. 当 X 是一个巴拿赫空间时, 只要能够验证 $\{s_n\}$ 是一个柯西列, 则其必是收敛的, 设其极限为 s, 可以记为

$$s = k_1 x_1 + k_2 x_2 + \cdots + k_n x_n + \cdots.$$

若 $\{s_n\}$ 不收敛, 也可构造表达式

$$k_1x_1 + k_2x_2 + \cdots + k_nx_n + \cdots,$$

简记为 $\sum_{n=1}^{\infty} k_nx_n$.

定义 1.4　设 $\{x_n\}$ 是线性赋范空间中的一个点列, $\{k_n\}$ 是一个实数列, 称表达式

$$k_1x_1 + k_2x_2 + \cdots + k_nx_n + \cdots$$

为一个无穷级数, 简称级数, 简记为 $\sum_{n=1}^{\infty} k_nx_n$. 称 $s_n = k_1x_1 + k_2x_2 + \cdots + k_nx_n$ 为 $\sum_{n=1}^{\infty} k_nx_n$ 的前 n 项部分和, 当 $\{s_n\}$ 收敛时, 称级数 $\sum_{n=1}^{\infty} k_nx_n$ 是收敛的, $\{s_n\}$ 的极限 s 称为级数的和, 记为

$$s = k_1x_1 + k_2x_2 + \cdots + k_nx_n + \cdots = \sum_{n=1}^{\infty} k_nx_n.$$

若 $\{s_n\}$ 发散时, 则称级数 $\sum_{n=1}^{\infty} k_nx_n$ 是发散的.

对于无穷级数 $\sum_{n=1}^{\infty} k_nx_n$, 需要研究的主要问题有三个:

(1) 级数是否收敛?

(2) 若级数收敛, 其和是什么?

(3) s_n 作为级数的和 s 的近似值时, 误差如何?

关于第一个问题, 由于 $\{x_n\}$ 是给定的, 级数是否收敛完全取决于其系数数列 $\{k_n\}$. 研究实践证明, 级数 $\sum_{n=1}^{\infty} k_nx_n$ 是否收敛, 与所谓的 "常数项级数"

$$k_1 + k_2 + \cdots + k_n + \cdots$$

的性质密切相关.

习　题　12.1

1. 线性空间 $C(-\infty, +\infty)$ 中的向量组 $1, x^2, \sin^2 x, x^3 + x^2, x^3$ 的秩是多少? 写出由其张成的子空间的一组基.

2. 用格拉姆-施密特正交化过程确定欧氏空间 $\mathbf{R}^3$ 中的向量 $\boldsymbol{a} = (1,0,0), \boldsymbol{b} = (1,1,1)$ 张成的子空间的标准正交基.

3. 计算内积空间 $L^2[-\pi, \pi]$ 中的三个向量 $1, x, \sin x$ 的范数.

4. 用格拉姆-施密特正交化过程确定内积空间 $L^2[-\pi, \pi]$ 中的向量组 $1, x, e^x$ 张成的子空间的一组标准正交基.

第二节　常数项级数

一、常数项级数的概念与性质

定义 2.1　对于数列 $\{u_n\}$，称表达式

$$u_1 + u_2 + \cdots + u_n + \cdots$$

为一个(常数项)无穷级数，简称常数项级数，简记为 $\sum_{n=1}^{\infty} u_n$，即

$$\sum_{n=1}^{\infty} u_n = u_1 + u_2 + \cdots + u_n + \cdots,$$

其中第 n 项 u_n 叫做级数的一般项或通项. 称

$$s_n = \sum_{i=1}^{n} u_i = u_1 + u_2 + u_3 + \cdots + u_n$$

为级数的前 n 项部分和. 若数列 $\{s_n\}$ 有极限 s，即 $\lim\limits_{n \to \infty} s_n = s$，则称无穷级数 $\sum\limits_{n=1}^{\infty} u_n$ 收敛，称 s 为级数的和，记为

$$s = \sum_{n=1}^{\infty} u_n = u_1 + u_2 + u_3 + \cdots + u_n + \cdots.$$

若 $\{s_n\}$ 发散，则称无穷级数 $\sum\limits_{n=1}^{\infty} u_n$ 发散. 当级数 $\sum\limits_{n=1}^{\infty} u_n$ 收敛时，称

$$r_n = s - s_n = u_{n+1} + u_{n+2} + \cdots$$

为级数 $\sum\limits_{n=1}^{\infty} u_n$ 的余项.

可以看出，余项 r_n 是用 s_n 对级数 $\sum\limits_{n=1}^{\infty} u_n$ 的和 s 近似计算时的误差.

例 2.1　研究等比级数(几何级数)

$$\sum_{n=0}^{\infty} aq^n = a + aq + aq^2 + \cdots + aq^n + \cdots \quad (a \neq 0)$$

的敛散性(q 称为级数的公比).

解　如果 $q \neq 1$，则部分和

$$s_n = a + aq + aq^2 + \cdots + aq^{n-1} = \frac{a - aq^n}{1-q} = \frac{a}{1-q} - \frac{aq^n}{1-q}.$$

当 $|q| < 1$ 时，$\lim\limits_{n \to \infty} s_n = \dfrac{a}{1-q}$，级数收敛，其和为 $\dfrac{a}{1-q}$.

当 $|q| > 1$ 时，$\lim\limits_{n \to \infty} s_n = \infty$，级数发散.

如果 $|q| = 1$，当 $q = 1$ 时，$s_n = na \to \infty$，级数发散；当 $q = -1$ 时，$s_n = \dfrac{1 - (-1)^n}{2} a$，$\{s_n\}$ 发散，所以级数发散.

综上所述，仅当 $|q| < 1$ 时，几何级数 $\sum\limits_{n=0}^{\infty} aq^n \, (a \neq 0)$ 收敛，其和为 $\dfrac{a}{1-q}$.

例 2.2 判别无穷级数 $\sum\limits_{n=1}^{\infty} \dfrac{1}{n(n+1)}$ 的敛散性.

解 级数的前 n 项部分和为

$$s_n = \frac{1}{1 \cdot 2} + \frac{1}{2 \cdot 3} + \frac{1}{3 \cdot 4} + \cdots + \frac{1}{n(n+1)}$$

$$= \left(1 - \frac{1}{2}\right) + \left(\frac{1}{2} - \frac{1}{3}\right) + \cdots + \left(\frac{1}{n} - \frac{1}{n+1}\right) = 1 - \frac{1}{n+1},$$

所以

$$\lim_{n \to \infty} s_n = \lim_{n \to \infty} \left(1 - \frac{1}{n+1}\right) = 1,$$

所以级数收敛且 $\sum\limits_{n=1}^{\infty} \dfrac{1}{n(n+1)} = 1$.

二、收敛级数的基本性质

性质 1 如果级数 $\sum\limits_{n=1}^{\infty} u_n$ 收敛，则级数 $\sum\limits_{n=1}^{\infty} ku_n$ 也收敛，且 $\sum\limits_{n=1}^{\infty} ku_n = k \sum\limits_{n=1}^{\infty} u_n$.

证明 设 $\sum\limits_{n=1}^{\infty} u_n$ 与 $\sum\limits_{n=1}^{\infty} ku_n$ 的部分和分别为 s_n 与 σ_n，则

$$\lim_{n \to \infty} \sigma_n = \lim_{n \to \infty} (ku_1 + ku_2 + \cdots + ku_n) = k \lim_{n \to \infty} (u_1 + u_2 + \cdots + u_n) = k \lim_{n \to \infty} s_n = ks,$$

即 $\sum\limits_{n=1}^{\infty} ku_n = k \sum\limits_{n=1}^{\infty} u_n$.

性质 2 若级数 $\sum\limits_{n=1}^{\infty} u_n$，$\sum\limits_{n=1}^{\infty} v_n$ 分别收敛于和 s 与 σ，则级数 $\sum\limits_{n=1}^{\infty} (u_n \pm v_n)$ 也收

敛, 且

$$\sum_{n=1}^{\infty}(u_n \pm v_n) = \sum_{n=1}^{\infty}u_n \pm \sum_{n=1}^{\infty}v_n = s \pm \sigma.$$

证明　设 $\sum_{n=1}^{\infty}u_n$, $\sum_{n=1}^{\infty}v_n$, $\sum_{n=1}^{\infty}(u_n \pm v_n)$ 的部分和分别为 s_n, σ_n, τ_n, 则

$$\lim_{n\to\infty}\tau_n = \lim_{n\to\infty}[(u_1 \pm v_1) + (u_2 \pm v_2) + \cdots + (u_n \pm v_n)]$$
$$= \lim_{n\to\infty}[(u_1 + u_2 + \cdots + u_n) \pm (v_1 + v_2 + \cdots + v_n)]$$
$$= \lim_{n\to\infty}(s_n \pm \sigma_n) = s \pm \sigma,$$

即

$$\sum_{n=1}^{\infty}(u_n \pm v_n) = \sum_{n=1}^{\infty}u_n \pm \sum_{n=1}^{\infty}v_n = s \pm \sigma.$$

性质 3　对于任意的自然数 N, 级数 $\sum_{n=N+1}^{\infty}u_n$ 与级数 $\sum_{n=1}^{\infty}u_n$ 有相同的敛散性, 即在级数中去掉或加上有限项, 不会改变级数的收敛性.

证明　由于 $\sum_{n=N+1}^{\infty}u_n$ 的前 n 项部分和与级数 $\sum_{n=1}^{\infty}u_n$ 的前 n 项部分和只相差一个常数, 所以它们具有相同的敛散性, 因此级数具有相同的敛散性.

性质 4　如果级数 $\sum_{n=1}^{\infty}u_n$ 收敛, 则级数

$$(u_1 + \cdots + u_{n_1}) + (u_{n_1+1} + \cdots + u_{n_2}) + \cdots + (u_{n_{k-1}+1} + \cdots + u_{n_k}) + \cdots \tag{2.1}$$

仍收敛, 且其和不变.

证明　设 $\sum_{n=1}^{\infty}u_n$ 的前 n 项部分和为 s_n, 则级数(2.1)的前 k 项部分和为 s_{n_k}, 所以性质成立.

性质 4 的逆命题不成立, 例如, 级数

$$1 - 1 + 1 - 1 + \cdots + (-1)^{n-1} + \cdots$$

是发散的, 但级数

$$(1-1) + (1-1) + \cdots + (1-1) + \cdots$$

却是收敛的.

性质 5 (级数收敛的必要条件)　如果 $\sum_{n=1}^{\infty}u_n$ 收敛, 则 $\lim_{n\to\infty}u_n = 0$.

证明　设级数 $\sum_{n=1}^{\infty}u_n$ 的部分和为 s_n, 则

$$\lim_{n\to\infty} u_n = \lim_{n\to\infty}(s_n - s_{n-1}) = \lim_{n\to\infty} s_n - \lim_{n\to\infty} s_{n-1} = s - s = 0.$$

要特别注意的是，$\lim\limits_{n\to\infty} u_n = 0$ 只是级数收敛的必要而非充分条件.

例 2.3　证明调和级数 $\sum\limits_{n=1}^{\infty} \dfrac{1}{n}$ 是发散的.

证明　若级数 $\sum\limits_{n=1}^{\infty} \dfrac{1}{n}$ 收敛, 设其和为 s, 前 n 项部分和为 s_n, 于是 $\lim\limits_{n\to\infty}(s_{2n} - s_n)$ $= 0$, 但

$$s_{2n} - s_n = \frac{1}{n+1} + \frac{1}{n+2} + \cdots + \frac{1}{2n} > \frac{1}{2n} + \frac{1}{2n} + \cdots + \frac{1}{2n} = \frac{1}{2},$$

故 $\lim\limits_{n\to\infty}(s_{2n} - s_n) \neq 0$, 矛盾, 所以级数 $\sum\limits_{n=1}^{\infty} \dfrac{1}{n}$ 发散.

三、正项级数及其敛散性

定义 2.2　对于级数 $\sum\limits_{n=1}^{\infty} u_n$, 若 $u_n \geqslant 0$, 则称级数为正项级数.

由于正项级数的前 n 项部分和是单调增加的数列, 其敛散性的判别相对容易, 因此有如下的定理.

定理 2.1　正项级数 $\sum\limits_{n=1}^{\infty} u_n$ 收敛的充要条件是它的部分和数列 $\{s_n\}$ 有上界.

例 2.4　证明级数 $\sum\limits_{n=1}^{\infty} \dfrac{1}{n^2}$ 是收敛的.

证明　级数是正项级数, 且其前 n 项部分和

$$s_n = 1 + \frac{1}{2^2} + \frac{1}{3^2} + \cdots + \frac{1}{n^2} \leqslant 1 + \frac{1}{1\cdot 2} + \frac{1}{2\cdot 3} + \cdots + \frac{1}{(n-1)n} = 2 - \frac{1}{n} < 2,$$

故级数是收敛的.

定理 2.2（比较审敛法）　设 $\sum\limits_{n=1}^{\infty} u_n$ 和 $\sum\limits_{n=1}^{\infty} v_n$ 都是正项级数, 且 $u_n \leqslant v_n$ $(n=1,$ $2,\cdots)$. 若级数 $\sum\limits_{n=1}^{\infty} v_n$ 收敛, 则级数 $\sum\limits_{n=1}^{\infty} u_n$ 收敛; 若级数 $\sum\limits_{n=1}^{\infty} u_n$ 发散, 则级数 $\sum\limits_{n=1}^{\infty} v_n$ 发散.

证明　设级数 $\sum\limits_{n=1}^{\infty} v_n$ 收敛于和 σ, 则级数 $\sum\limits_{n=1}^{\infty} u_n$ 的部分和

$$s_n = u_1 + u_2 + \cdots + u_n \leqslant v_1 + v_2 + \cdots + v_n \leqslant \sigma \quad (n = 1, 2, \cdots),$$

即部分和数列 $\{s_n\}$ 有界, 由定理 2.1 知级数 $\sum\limits_{n=1}^{\infty} u_n$ 收敛.

反之, 设级数 $\sum\limits_{n=1}^{\infty} u_n$ 发散, 则级数 $\sum\limits_{n=1}^{\infty} v_n$ 必发散. 因为若级数 $\sum\limits_{n=1}^{\infty} v_n$ 收敛, 由上已证明的结论, 将有级数 $\sum\limits_{n=1}^{\infty} u_n$ 也收敛, 与假设矛盾.

例 2.5　讨论 p-级数 $\sum\limits_{n=1}^{\infty} \dfrac{1}{n^p}$ 的敛散性, 其中常数 $p > 0$.

解　当 $p \leqslant 1$ 时, $\dfrac{1}{n^p} \geqslant \dfrac{1}{n}$, 而调和级数 $\sum\limits_{n=1}^{\infty} \dfrac{1}{n}$ 发散, 由比较审敛法知, 当 $p \leqslant 1$ 时级数 $\sum\limits_{n=1}^{\infty} \dfrac{1}{n^p}$ 发散.

当 $p > 1$ 时, 有

$$\frac{1}{n^p} = \int_{n-1}^{n} \frac{1}{n^p} \mathrm{d}x \leqslant \int_{n-1}^{n} \frac{1}{x^p} \mathrm{d}x = \frac{1}{p-1}\left[\frac{1}{(n-1)^{p-1}} - \frac{1}{n^{p-1}}\right] \quad (n = 2, 3, \cdots),$$

对于级数 $\sum\limits_{n=2}^{\infty} \left[\dfrac{1}{(n-1)^{p-1}} - \dfrac{1}{n^{p-1}}\right]$, 其部分和

$$s_n = \left[1 - \frac{1}{2^{p-1}}\right] + \left[\frac{1}{2^{p-1}} - \frac{1}{3^{p-1}}\right] + \cdots + \left[\frac{1}{n^{p-1}} - \frac{1}{(n+1)^{p-1}}\right] = 1 - \frac{1}{(n+1)^{p-1}}.$$

因为

$$\lim_{n\to\infty} s_n = \lim_{n\to\infty}\left[1 - \frac{1}{(n+1)^{p-1}}\right] = 1,$$

所以级数 $\sum\limits_{n=2}^{\infty} \left[\dfrac{1}{(n-1)^{p-1}} - \dfrac{1}{n^{p-1}}\right]$ 收敛, 由定理 2.2, 级数 $\sum\limits_{n=1}^{\infty} \dfrac{1}{n^p}$ 收敛.

综上所述, p-级数 $\sum\limits_{n=1}^{\infty} \dfrac{1}{n^p}$ 在 $p > 1$ 时收敛, $p \leqslant 1$ 时发散.

例 2.6　证明级数 $\sum\limits_{n=1}^{\infty} \dfrac{1}{\sqrt{n(n+1)}}$ 是发散的.

证明　因为

$$\frac{1}{\sqrt{n(n+1)}} > \frac{1}{\sqrt{(n+1)^2}} = \frac{1}{n+1},$$

而级数 $\sum\limits_{n=1}^{\infty} \dfrac{1}{n+1} = \dfrac{1}{2} + \dfrac{1}{3} + \cdots + \dfrac{1}{n+1} + \cdots$ 是发散的, 根据比较审敛法可知, 所给级数也是发散的.

定理 2.3 (比较审敛法的极限形式) 设 $\sum\limits_{n=1}^{\infty}u_n$ 和 $\sum\limits_{n=1}^{\infty}v_n$ 都是正项级数, 则

(1) 如果 $\lim\limits_{n\to\infty}\dfrac{u_n}{v_n}=l$ $(0<l<+\infty)$, 则级数 $\sum\limits_{n=1}^{\infty}u_n$ 和级数 $\sum\limits_{n=1}^{\infty}v_n$ 有相同的敛散性;

(2) 如果 $\lim\limits_{n\to\infty}\dfrac{u_n}{v_n}=0$ $\left(\text{或}\lim\limits_{n\to\infty}\dfrac{v_n}{u_n}=+\infty\right)$, 且级数 $\sum\limits_{n=1}^{\infty}v_n$ 收敛, 则级数 $\sum\limits_{n=1}^{\infty}u_n$ 收敛.

证明 (1) 因为 $\lim\limits_{n\to\infty}\dfrac{u_n}{v_n}=l$, 对 $\varepsilon=\dfrac{1}{2}l$, 存在自然数 N, 当 $n>N$ 时, 有

$$l-\frac{1}{2}l<\frac{u_n}{v_n}<l+\frac{1}{2}l,$$

即

$$\frac{1}{2}lv_n<u_n<\frac{3}{2}lv_n.$$

由比较审敛法及性质 1 结论成立.

(2) 若 $\lim\limits_{n\to\infty}\dfrac{u_n}{v_n}=0$, 存在自然数 N, 当 $n>N$ 时, 有

$$\frac{u_n}{v_n}<1\Rightarrow u_n<v_n.$$

由比较审敛法及性质 1 结论成立.

例 2.7 判别级数 $\sum\limits_{n=1}^{\infty}\sin\dfrac{1}{n}$ 的收敛性.

解 因为 $\lim\limits_{n\to\infty}\dfrac{\sin\dfrac{1}{n}}{\dfrac{1}{n}}=1$, 而级数 $\sum\limits_{n=1}^{\infty}\dfrac{1}{n}$ 发散, 由极限形式的比较审敛法, 级数 $\sum\limits_{n=1}^{\infty}\sin\dfrac{1}{n}$ 发散.

例 2.8 判别级数 $\sum\limits_{n=1}^{\infty}\ln\left(1+\dfrac{1}{n^2}\right)$ 的收敛性.

解 因为 $\lim\limits_{n\to\infty}\dfrac{\ln\left(1+\dfrac{1}{n^2}\right)}{\dfrac{1}{n^2}}=1$, 而级数 $\sum\limits_{n=1}^{\infty}\dfrac{1}{n^2}$ 收敛, 由极限形式的比较审敛法, 级数 $\sum\limits_{n=1}^{\infty}\ln\left(1+\dfrac{1}{n^2}\right)$ 收敛.

定理 2.4 (比值审敛法，达朗贝尔判别法)　对于正项级数 $\sum\limits_{n=1}^{\infty} u_n$，若有

$\lim\limits_{n\to\infty}\dfrac{u_{n+1}}{u_n} = \rho$，则

(1) 当 $\rho < 1$ 时级数收敛；

(2) 当 $\rho > 1 \left(\text{或} \lim\limits_{n\to\infty}\dfrac{u_{n+1}}{u_n} = \infty\right)$ 时级数发散；

(3) 当 $\rho = 1$ 时级数可能收敛也可能发散.

证明　(1) 对 $\varepsilon = \dfrac{1-\rho}{2} > 0$，因为 $\lim\limits_{n\to\infty}\dfrac{u_{n+1}}{u_n} = \rho$，所以存在自然数 N，当 $n > N$ 时有

$$\left|\frac{u_{n+1}}{u_n} - \rho\right| < \varepsilon = \frac{1-\rho}{2},$$

所以

$$u_{n+1} < \frac{1+\rho}{2} u_n.$$

令 $r = \dfrac{1+\rho}{2}$，则 $r < 1$，得

$$u_{n+1} < r u_n < \cdots < r^{n-N} u_{N+1}.$$

级数 $\sum\limits_{n=N+1}^{\infty} u_{N+1} r^{n-N}$ 是公比 $r < 1$ 的几何级数，收敛，由比较判别法知级数 $\sum\limits_{n=N+1}^{\infty} u_n$ 收

敛，再由性质 3 知 $\sum\limits_{n=1}^{\infty} u_n$ 收敛.

(2) 当 $\rho > 1 \left(\text{或} \lim\limits_{n\to\infty}\dfrac{u_{n+1}}{u_n} = \infty\right)$ 时，对于 $\varepsilon = \dfrac{\rho-1}{2}$，存在自然数 N，当 $n > N$ 时有

$$\left|\frac{u_{n+1}}{u_n} - \rho\right| < \frac{\rho-1}{2},$$

得

$$u_{n+1} > \frac{\rho+1}{2} u_n > u_n,$$

所以数列 $\{u_n\}$ 在 $n > N$ 时是严格单增的，不满足级数 $\sum\limits_{n=1}^{\infty} u_n$ 收敛的必要条件

$\lim\limits_{n\to\infty} u_n = 0$，故级数发散.

(3) 对于任意的 p-级数 $\sum\limits_{n=1}^{\infty} \dfrac{1}{n^p}$, 都有

$$\lim_{n\to\infty}\frac{u_{n+1}}{u_n} = \lim_{n\to\infty}\frac{\dfrac{1}{(n+1)^p}}{\dfrac{1}{n^p}} = \lim_{n\to\infty}\frac{n^p}{(n+1)^p} = 1,$$

而 p-级数 $\sum\limits_{n=1}^{\infty} \dfrac{1}{n^p}$ 既有收敛的也有发散的.

例 2.9 证明级数 $\sum\limits_{n=1}^{\infty} \dfrac{1}{1\cdot 2\cdot 3\cdots(n-1)}$ 是收敛的.

证明 因为

$$\lim_{n\to\infty}\frac{u_{n+1}}{u_n} = \lim_{n\to\infty}\frac{1\cdot 2\cdot 3\cdots(n-1)}{1\cdot 2\cdot 3\cdots n} = \lim_{n\to\infty}\frac{1}{n} = 0 < 1,$$

由比值审敛法知级数收敛.

例 2.10 判别级数 $\sum\limits_{n=1}^{\infty} \dfrac{n!}{10^n}$ 的收敛性.

解 因为

$$\lim_{n\to\infty}\frac{u_{n+1}}{u_n} = \lim_{n\to\infty}\frac{(n+1)!}{10^{n+1}}\cdot\frac{10^n}{n!} = \lim_{n\to\infty}\frac{n+1}{10} = \infty,$$

由比值审敛法知级数发散.

定理 2.5 (根值审敛法) 对于正项级数 $\sum\limits_{n=1}^{\infty} u_n$, 若 $\lim\limits_{n\to\infty}\sqrt[n]{u_n} = \rho$, 则

(1) 当 $\rho < 1$ 时级数收敛;

(2) $\rho > 1 \left(\text{或} \lim\limits_{n\to\infty}\sqrt[n]{u_n} = +\infty\right)$ 时级数发散;

(3) $\rho = 1$ 时级数可能收敛也可能发散.

证明 (1) 对 $\varepsilon = \dfrac{1-\rho}{2} > 0$, 因为 $\lim\limits_{n\to\infty}\sqrt[n]{u_n} = \rho$, 所以存在自然数 N, 当 $n > N$ 时有

$$\left|\sqrt[n]{u_n} - \rho\right| < \varepsilon = \frac{1-\rho}{2},$$

所以 $\sqrt[n]{u_n} < \dfrac{1+\rho}{2}$. 令 $r = \dfrac{1+\rho}{2}$, 则 $r < 1$, 且 $u_n < r^n$. 级数 $\sum\limits_{n=N+1}^{\infty} r^n$ 是公比 $r < 1$ 的几何级数, 收敛, 由比较判别法知级数 $\sum\limits_{n=N+1}^{\infty} u_n$ 收敛, 再由性质 3 知级数 $\sum\limits_{n=1}^{\infty} u_n$ 收敛.

(2) 当 $\rho > 1\left(\text{或} \lim\limits_{n \to \infty} \sqrt[n]{u_n} = \infty\right)$ 时, 对于 $\varepsilon = \dfrac{\rho - 1}{2}$, 存在自然数 N, 当 $n > N$ 时有

$$\left| \sqrt[n]{u_n} - \rho \right| < \frac{\rho - 1}{2}.$$

令 $r = \dfrac{1 + \rho}{2}$, 则 $r > 1$, 且 $u_n > r^n$, 而级数 $\sum\limits_{n=N+1}^{\infty} r^n$ 是几何级数, 发散, 所以级数 $\sum\limits_{n=N+1}^{\infty} u_n$ 发散. 由性质 3 知级数 $\sum\limits_{n=1}^{\infty} u_n$ 发散.

(3) 对于任意的 p-级数 $\sum\limits_{n=1}^{\infty} \dfrac{1}{n^p}$, 都有

$$\lim_{n \to \infty} \sqrt[n]{u_n} = \lim_{n \to \infty} \sqrt[n]{\frac{1}{n^p}} = 1,$$

而 p-级数 $\sum\limits_{n=1}^{\infty} \dfrac{1}{n^p}$ 既有收敛的也有发散的.

例 2.11 证明级数 $\sum\limits_{n=1}^{\infty} \dfrac{1}{n^n}$ 是收敛的, 并估计以级数的部分和 s_n 近似代替级数的和 s 所产生的误差.

解 因为

$$\lim_{n \to \infty} \sqrt[n]{u_n} = \lim_{n \to \infty} \sqrt[n]{\frac{1}{n^n}} = \lim_{n \to \infty} \frac{1}{n} = 0 < 1,$$

所以由根值审敛法知级数收敛.

以级数的部分和 s_n 近似代替和级数的和 s 所产生的误差为

$$|r_n| = \frac{1}{(n+1)^{n+1}} + \frac{1}{(n+2)^{n+2}} + \frac{1}{(n+3)^{n+3}} + \cdots$$

$$< \frac{1}{(n+1)^{n+1}} + \frac{1}{(n+1)^{n+2}} + \frac{1}{(n+1)^{n+3}} + \cdots$$

$$= \frac{1}{n(n+1)^n}.$$

例 2.12 判定级数 $\sum\limits_{n=1}^{\infty} \dfrac{2 + (-1)^n}{2^n}$ 的收敛性.

解 因为

$$\lim_{n \to \infty} \sqrt[n]{u_n} = \lim_{n \to \infty} \frac{1}{2} \sqrt[n]{2 + (-1)^n} = \frac{1}{2} < 1,$$

所以由根值审敛法知级数收敛.

四、交错级数及其审敛法

定义 2.3　若数列 $\{u_n\}$ 的通项 $u_n > 0$, 则称级数 $\sum\limits_{n=1}^{\infty}(-1)^{n-1}u_n$ 为交错级数.

例如, $\sum\limits_{n=1}^{\infty}(-1)^{n-1}\dfrac{1}{n}$ 是交错级数, 但 $\sum\limits_{n=1}^{\infty}(-1)^{n-1}\dfrac{1+(-1)^n}{n}$ 不是交错级数.

定理 2.6 (莱布尼茨定理)　如果交错级数 $\sum\limits_{n=1}^{\infty}(-1)^{n-1}u_n$ 满足条件:

(1)　$u_{n+1} \leqslant u_n$　$(n=1, 2, 3, \cdots)$;

(2)　$\lim\limits_{n\to\infty}u_n = 0$,

则称级数为莱布尼茨级数. 莱布尼茨级数收敛, 且其和 $s \leqslant u_1$, 其余项 r_n 的绝对值 $|r_n| \leqslant u_{n+1}$.

证明　由

$$s_{2n} = (u_1 - u_2) + (u_3 - u_4) + \cdots + (u_{2n-1} - u_{2n}),$$

以及

$$s_{2n} = u_1 - (u_2 - u_3) - (u_4 - u_5) - \cdots - (u_{2n-2} - u_{2n-1}) - u_{2n} \leqslant u_1,$$

知数列 $\{s_{2n}\}$ 单调增加且有上界, 所以收敛, 记 $\lim\limits_{n\to\infty}s_{2n} = s$, 则 $s \leqslant u_1$. 而

$$\lim_{n\to\infty}s_{2n+1} = \lim_{n\to\infty}(s_{2n} + u_{2n+1}) = \lim_{n\to\infty}s_{2n} + \lim_{n\to\infty}u_{2n+1} = s,$$

所以 $\lim\limits_{n\to\infty}s_n = s$, 即级数收敛, 且 $s_n \leqslant u_1$.

因为 $|r_n| = u_{n+1} - u_{n+2} + \cdots$ 是莱布尼茨级数, 所以 $|r_n| \leqslant u_{n+1}$.

例 2.13　证明级数 $\sum\limits_{n=1}^{\infty}(-1)^{n-1}\dfrac{1}{n}$ 收敛, 并估计和及其余项.

证明　级数为交错级数, 且满足:

(1)　$u_{n+1} = \dfrac{1}{n+1} < \dfrac{1}{n} = u_n$ $(n=1,2,\cdots)$;

(2)　$\lim\limits_{n\to\infty}u_n = \lim\limits_{n\to\infty}\dfrac{1}{n} = 0$,

由莱布尼茨定理, 级数收敛, 且其和 $s < u_1 = 1$, 余项 $|r_n| \leqslant u_{n+1} = \dfrac{1}{n+1}$.

五、一般项级数的敛散性

由于正项级数的前 n 项部分和是一个单调增加的数列, 级数的敛散性相对容易判定. 对于一般的常数项级数 $\sum\limits_{n=1}^{\infty}u_n$, 能否借助正项级数的敛散性对其敛散性进

行判别呢？正项级数 $\displaystyle\sum_{n=1}^{\infty}|u_n|$ 是与级数 $\displaystyle\sum_{n=1}^{\infty}u_n$ 密切相关的，两者的敛散性关系由如下的定理描述.

定理 2.7　如果级数 $\displaystyle\sum_{n=1}^{\infty}|u_n|$ 收敛，则级数 $\displaystyle\sum_{n=1}^{\infty}u_n$ 收敛. 但 $\displaystyle\sum_{n=1}^{\infty}u_n$ 收敛时，$\displaystyle\sum_{n=1}^{\infty}|u_n|$ 不一定收敛.

证明　显然有不等式

$$0\leqslant a_n=\frac{|u_n|+u_n}{2}\leqslant|u_n|,\quad b_n=\frac{|u_n|-u_n}{2}\leqslant|u_n|,$$

所以级数 $\displaystyle\sum_{n=1}^{\infty}a_n,\sum_{n=1}^{\infty}b_n$ 都是正项级数且收敛，由性质 2 知级数 $\displaystyle\sum_{n=1}^{\infty}(a_n-b_n)$ 收敛，即 $\displaystyle\sum_{n=1}^{\infty}u_n$ 收敛.

由例 2.13 知 $\displaystyle\sum_{n=1}^{\infty}u_n$ 收敛时，$\displaystyle\sum_{n=1}^{\infty}|u_n|$ 不一定收敛.

定义 2.4　对于级数 $\displaystyle\sum_{n=1}^{\infty}u_n$，若级数 $\displaystyle\sum_{n=1}^{\infty}|u_n|$ 收敛，则称级数 $\displaystyle\sum_{n=1}^{\infty}u_n$ 绝对收敛；若级数 $\displaystyle\sum_{n=1}^{\infty}u_n$ 收敛而级数 $\displaystyle\sum_{n=1}^{\infty}|u_n|$ 发散，则称级数 $\displaystyle\sum_{n=1}^{\infty}u_n$ 是条件收敛的.

由定义 2.4 知级数 $\displaystyle\sum_{n=1}^{\infty}(-1)^{n-1}\frac{1}{n}$ 是条件收敛的.

例 2.14　判别级数 $\displaystyle\sum_{n=1}^{\infty}\frac{\sin na}{n^2}$ 的敛散性.

解　因为 $\left|\dfrac{\sin na}{n^2}\right|\leqslant\dfrac{1}{n^2}$，而级数 $\displaystyle\sum_{n=1}^{\infty}\frac{1}{n^2}$ 是收敛的，所以级数 $\displaystyle\sum_{n=1}^{\infty}\left|\frac{\sin na}{n^2}\right|$ 也收敛，从而级数 $\displaystyle\sum_{n=1}^{\infty}\frac{\sin na}{n^2}$ 是绝对收敛的.

例 2.15　记 $l^p=\left\{\{a_n\}\;\middle|\;a_n\in\mathbf{R}^1,\displaystyle\sum_{n=1}^{\infty}|a_n|^p<+\infty\right\}$，$p\geqslant1$，$l^p$ 按普通的加法与数乘成为线性空间. 定义范数

$$\|\{a_n\}\|=\left(\sum_{i=1}^{\infty}|a_i|^p\right)^{\frac{1}{p}}.$$

由无限求和的闵可夫斯基不等式：

$$\left(\sum_{i=1}^{\infty}|a_i+b_i|^p\right)^{\frac{1}{p}}\leqslant\left(\sum_{i=1}^{\infty}|a_i|^p\right)^{\frac{1}{p}}+\left(\sum_{i=1}^{\infty}|b_i|^p\right)^{\frac{1}{p}},\quad\forall\{a_n\},\{b_n\}\in l^p,$$

证明 l^p 按此范数成为一个线性赋范空间.

证明 (1) $\|\{a_n\}\|=0\Leftrightarrow\left(\sum_{i=1}^{\infty}|a_i|^p\right)^{\frac{1}{p}}=0\Leftrightarrow a_i=0(i=1,2,\cdots)\Leftrightarrow\{a_n\}=\theta$;

(2) 对 $\forall\alpha\in\mathbf{R}^1,\forall\{a_n\}\in l^p$,有 $\|\alpha\{a_n\}\|=\left(\sum_{i=1}^{\infty}|\alpha a_i|^p\right)^{\frac{1}{p}}=|\alpha|\left(\sum_{i=1}^{\infty}|a_i|^p\right)^{\frac{1}{p}}=|\alpha|\|\{a_n\}\|$;

(3) 对 $\forall\{a_n\},\{b_n\}\in l^p$,由无限求和的闵可夫斯基不等式得

$$\|\{a_n\}+\{b_n\}\|=\left(\sum_{i=1}^{\infty}|a_i+b_i|^p\right)^{\frac{1}{p}}\leqslant\left(\sum_{i=1}^{\infty}|a_i|^p\right)^{\frac{1}{p}}+\left(\sum_{i=1}^{\infty}|b_i|^p\right)^{\frac{1}{p}}=\|\{a_n\}\|+\|\{b_n\}\|,$$

所以 $\|\cdot\|$ 成为一个 l^p 上的范数, l^p 按此范数成为一个线性赋范空间.

例 2.16 记 $l^2=\left\{\{a_n\}\Big|a_n\in\mathbf{R}^1,\sum_{n=1}^{\infty}a_n^2<+\infty\right\}$, l^2 按普通的加法与数乘成为线性空间. 在 l^2 上定义内积:

$$(\{a_n\},\{b_n\})=\sum_{n=1}^{\infty}a_nb_n,$$

证明 l^2 成为内积空间.

证明 因为

(1) $(\{a_n\},\{b_n\})=\sum_{n=1}^{\infty}a_nb_n=\sum_{n=1}^{\infty}b_na_n=(\{b_n\},\{a_n\})$, $\forall\{a_n\},\{b_n\}\in l^2$;

(2) $(\lambda\{a_n\}+\mu\{b_n\},\{c_n\})=\sum_{n=1}^{\infty}(\lambda a_n+\mu b_n)c_n$

$$=\lambda\sum_{n=1}^{\infty}a_nc_n+\mu\sum_{n=1}^{\infty}b_nc_n$$

$$=\lambda(\{a_n\},\{c_n\})+\mu(\{b_n\},\{c_n\}),$$

$\forall\{a_n\},\{b_n\},\{c_n\}\in l^2,\lambda,\mu\in\mathbf{R}^1$;

(3) 对 $\forall\{a_n\}\in l^2$ 有 $(\{a_n\},\{a_n\})=\sum_{n=1}^{\infty}a_n^2\geqslant0$, 且

$$(\{a_n\},\{a_n\})=0\Leftrightarrow\sum_{n=1}^{\infty}a_n^2=0\Leftrightarrow a_n=0\Leftrightarrow\{a_n\}=\theta,$$

所以 $(\{a_n\},\{b_n\})=\sum_{n=1}^{\infty}a_nb_n$ 成为线性空间 l^2 上的一个内积, 按此内积 l^2 成为一个内

积空间.

显然 n 维欧氏空间 $\mathbf{R}^n$ 是一个希尔伯特空间.

例 2.17 证明例 2.16 中的内积空间 l^2 是一个希尔伯特空间.

证明 只需证明 l^2 中的柯西列都是收敛的. 设 $x^{(n)} = \left\{ a_p^{(n)} \right\}$ 是 l^2 中的一个柯西列, 则对 $\forall \varepsilon > 0$, 存在自然数 N, 只要 $n, m > N$, 就有

$$\left\| x^{(n)} - x^{(m)} \right\| < \varepsilon,$$

即

$$\sum_{p=1}^{\infty} \left| a_p^{(n)} - a_p^{(m)} \right|^2 < \varepsilon^2, \tag{2.2}$$

所以

$$\left| a_p^{(n)} - a_p^{(m)} \right| < \varepsilon, \quad p = 1, 2, \cdots, \tag{2.3}$$

即对每一个自然数 p, 数列 $\{a_p^{(n)}\}$ (上标 n 为变量)都是柯西列, 必收敛, 设其极限为 $a_p^{(0)}$. 对任一自然数 M, 由(2.2)有

$$\sum_{p=1}^{M} \left| a_p^{(n)} - a_p^{(m)} \right|^2 < \varepsilon^2, \tag{2.4}$$

在(2.4)中令 $m \to \infty$ 得

$$\sum_{p=1}^{M} \left| a_p^{(n)} - a_p^{(0)} \right|^2 \leqslant \varepsilon^2. \tag{2.5}$$

在(2.5)中令 $M \to \infty$ 得

$$\sum_{p=1}^{\infty} \left| a_p^{(n)} - a_p^{(0)} \right|^2 \leqslant \varepsilon^2, \tag{2.6}$$

即

$$\left(\sum_{p=1}^{\infty} \left| a_p^{(n)} - a_p^{(0)} \right|^2 \right)^{\frac{1}{2}} \leqslant \varepsilon. \tag{2.7}$$

由于柯西列是有界的, 所以存在正数 A, 使得

$$\left(\sum_{p=1}^{\infty} \left| a_p^{(n)} \right|^2 \right)^{\frac{1}{2}} \leqslant A \Rightarrow \sum_{p=1}^{\infty} \left| a_p^{(n)} \right|^2 < A^2. \tag{2.8}$$

由(2.6)及(2.8)得

$$\sum_{p=1}^{\infty}\left|a_p^{(0)}\right|^2 = \sum_{p=1}^{\infty}\left|a_p^{(0)} - a_p^{(n)} + a_p^{(n)}\right|^2$$

$$\leqslant 2\sum_{p=1}^{\infty}\left|a_p^{(0)} - a_p^{(n)}\right|^2 + 2\sum_{p=1}^{\infty}\left|a_p^{(n)}\right|^2 \leqslant 2\varepsilon^2 + 2A^2,$$

即 $\{a_p^{(0)}\} \in l^2$. 记 $x^{(0)} = \{a_p^{(0)}\}$，由(2.6)得

$$\left\|x^{(n)} - x^{(0)}\right\| = \left(\sum_{p=1}^{\infty}|a_p^{(n)} - a_p^{(0)}|^2\right)^{\frac{1}{2}} \leqslant \varepsilon,$$

所以 $x^{(0)} = \{a_p^{(0)}\}$ 是柯西列 $x^{(n)}$ 在 l^2 中的极限，故 l^2 是完备的，为一个希尔伯特空间.

习　题　12.2

1. 用定义判断下列级数的敛散性，若收敛，求其和:

(1) $\displaystyle\sum_{n=0}^{\infty}\frac{1}{(3n+1)(3n+4)}$;

(2) $\displaystyle\sum_{n=1}^{\infty}\frac{1}{n(n+1)(n+2)}$;

(3) $\displaystyle\sum_{n=1}^{\infty}(\sqrt{n+2} - 2\sqrt{n+1} + \sqrt{n})$;

(4) $\displaystyle\sum_{n=1}^{\infty}(\sqrt{n+2} - \sqrt{n+1})$;

(5) $\displaystyle\sum_{n=1}^{\infty}\frac{1}{2n(2n+2)}$;

(6) $\displaystyle\sum_{n=1}^{\infty}\left(\frac{1}{3^n} + \frac{1}{5^n}\right)$.

2. 判断下列正项级数的敛散性:

(1) $\displaystyle\sum_{n=1}^{\infty}\frac{n!}{100^n}$;

(2) $\displaystyle\sum_{n=1}^{\infty}\frac{n^e}{e^n}$;

(3) $\displaystyle\sum_{n=1}^{\infty}\sqrt{\frac{n+1}{2n}}$;

(4) $\displaystyle\sum_{n=1}^{\infty}\frac{2n+3}{n(n+3)}$;

(5) $\displaystyle\sum_{n=1}^{\infty}\frac{n^4}{n!}$;

(6) $\displaystyle\sum_{n=1}^{\infty}\left(\frac{n}{3n+1}\right)^n$;

(7) $\displaystyle\sum_{n=1}^{\infty}\frac{n+(-1)^n}{2^n}$;

(8) $\displaystyle\sum_{n=1}^{\infty}\frac{2^n n!}{n^n}$;

(9) $\displaystyle\sum_{n=1}^{\infty}\left(\frac{2n}{3n-1}\right)^{2n+3}$;

(10) $\displaystyle\sum_{n=1}^{\infty}\frac{n^n + a^n}{(2n+1)^n}\ (a > 0)$;

(11) $\displaystyle\sum_{n=1}^{\infty}\left(\frac{b}{a_n}\right)^n$，其中 $a_n \to a(n \to \infty), a_n, b, a$ 均为正数;

(12) $\displaystyle\sum_{n=1}^{\infty}\frac{1}{1+a^n}\ (a > 0)$;

(13) $\displaystyle\sum_{n=1}^{\infty}\int_0^{\frac{1}{n}}\frac{\sqrt{x}}{1+x^4}\,\mathrm{d}x$;

(14) $\displaystyle\sum_{n=1}^{\infty}\frac{3^n \cdot n!}{n^n}$;　　　　　　　　　　(15) $\displaystyle\sum_{n=1}^{\infty}\frac{\ln n}{n^{\frac{1}{2}} 2^n}$;

(16) $\displaystyle\sum_{n=1}^{\infty}\left(n^{\frac{1}{n^2+1}}-1\right)$.

3. 求下列任意项级数的敛散性, 收敛时说明是条件收敛还是绝对收敛:

(1) $\displaystyle\sum_{n=1}^{\infty}(-1)^{n-1}\frac{n}{2^{n-1}}$;　　　　　　　(2) $\displaystyle\sum_{n=2}^{\infty}(-1)^n\frac{1}{1nn}$;

(3) $1.1-1.01+1.001-1.0001+\cdots$;　　(4) $\dfrac{1}{2}-\dfrac{2}{2^2+1}+\dfrac{3}{3^2+1}-\dfrac{4}{4^2+1}+\cdots$;

(5) $\displaystyle\sum_{n=1}^{\infty}(-1)^{n+1}\frac{2^{n^2}}{n!}$;　　　　　　(6) $\displaystyle\sum_{n=1}^{\infty}(-1)^{n-1}\frac{n+1}{n^2+n+1}$;

(7) $\displaystyle\sum_{n=1}^{\infty}(-1)^{n+1}\frac{\ln\left(2+\dfrac{1}{n}\right)}{\sqrt{(3n-2)(3n+2)}}$.

第三节　函数项级数

一、函数项级数的概念

对于线性赋范空间 X 中的无穷级数 $\displaystyle\sum_{n=1}^{\infty}k_n x_n$, 若 X 的向量是函数, 这些函数的定义域均为 I, 记 $u_n(x)=k_n x_n$, 则级数为
$$u_1(x)+u_2(x)+u_3(x)+\cdots+u_n(x)+\cdots.$$

定义 3.1　设函数列 $\{u_n(x)\}$ 中的每个函数有相同的定义域 I, 称表达式
$$u_1(x)+u_2(x)+u_3(x)+\cdots+u_n(x)+\cdots$$

为一个函数项无穷级数, 简称函数项级数, 简记为 $\displaystyle\sum_{n=1}^{\infty}u_n(x)$. 称 $s_n=u_1(x)+u_2(x)+u_3(x)+\cdots+u_n(x)$ 为 $\displaystyle\sum_{n=1}^{\infty}u_n(x)$ 的前 n 项部分和.

对于 I 中的定点 x, $\displaystyle\sum_{n=1}^{\infty}u_n(x)$ 为一个常数项级数.

定义 3.2　对于实数集 I 中的定点 x, 若常数项级数 $\displaystyle\sum_{n=1}^{\infty}u_n(x)$ 收敛, 则称 x 为函数项级数 $\displaystyle\sum_{n=1}^{\infty}u_n(x)$ 的一个收敛点, 称 $\displaystyle\sum_{n=1}^{\infty}u_n(x)$ 的收敛点全体为其收敛域. 在 $\displaystyle\sum_{n=1}^{\infty}u_n(x)$ 的收敛域上, 记 $s(x)=\displaystyle\sum_{n=1}^{\infty}u_n(x)$, 则 $s(x)$ 为函数项级数收敛域上的一个函

数, 称为函数项级数 $\sum\limits_{n=1}^{\infty} u_n(x)$ 的和函数.

对于函数列 $\{u_n(x)\}$, 同样有如下的定义.

定义 3.3　对于实数 x, 若实数列 $\{u_n(x)\}$ 收敛, 则称 x 为 $\{u_n(x)\}$ 的一个收敛点, 称 $\{u_n(x)\}$ 的收敛点全体为其收敛域. 记 $\lim\limits_{n\to\infty} u_n(x) = u(x)$, 称 $\{u_n(x)\}$ 在其收敛域上逐点收敛到 $u(x)$.

二、函数项级数的逐点收敛与一致收敛

若函数项级数 $\sum\limits_{n=1}^{\infty} u_n(x)$ 在定点 x 处收敛, 称这种收敛是逐点收敛. 若函数列 $\{u_n(x)\}$ 是线性赋范空间中 X 中的点列 $\{u_n\}$, 则级数 $\sum\limits_{n=1}^{\infty} u_n(x)$ 的前 n 项部分和构成的点列 $\{s_n\}$ 也是 X 中的点列, 可对 $\{s_n\}$ 的敛散性进行研究.

例 3.1　在线性空间 $X = C[a,b]$ 上定义

$$\|x\| = \max_{t\in[a,b]} |x(t)|, \quad \forall x \in X,$$

第十一章中已证明 $\|\cdot\|$ 是一个范数. 证明线性赋范空间 $X = C[a,b]$ 是巴拿赫空间.

证明　设 $\{x_n\}$ 是 X 中的柯西列, 则对 $\forall \varepsilon > 0$, 存在自然数 N 只要 $m, n > N$ 就有

$$\|x_m - x_n\| = \max_{a\leqslant t\leqslant b} |x_m(t) - x_n(t)| < \varepsilon,$$

从而

$$|x_m(t) - x_n(t)| < \varepsilon, \quad \forall t \in [a,b], \tag{3.1}$$

即对 $\forall t \in [a,b]$, $\{x_n(t)\}$ 是实数集中的柯西列, 是收敛的. 设 $\lim\limits_{n\to\infty} x_n(t) = x_0(t)$, 下面证明 $x_0(t) \in X = C[a,b]$.

对于 $\forall t \in [a,b]$, 在(3.1)中令 $m \to \infty$ 得

$$|x_n(t) - x_0(t)| \leqslant \varepsilon < 2\varepsilon, \quad \forall t \in [a,b]. \tag{3.2}$$

对于 $\forall t_0 \in [a,b]$, $x_{N+1}(t)$ 在 t_0 处连续, 存在 $\delta > 0$, 只要 $t \in \overset{\circ}{U}(t_0, \delta) \bigcap [a,b]$, 就有

$$|x_{N+1}(t) - x_{N+1}(t_0)| < \varepsilon. \tag{3.3}$$

所以由(3.2), (3.3)得

$$\begin{aligned}
|x_0(t) - x_0(t_0)| &= |x_0(t) - x_{N+1}(t) + x_{N+1}(t) - x_{N+1}(t_0) + x_{N+1}(t_0) - x_0(t_0)| \\
&\leqslant |x_0(t) - x_{N+1}(t)| + |x_{N+1}(t) - x_{N+1}(t_0)| + |x_{N+1}(t_0) - x_0(t_0)| \\
&< 5\varepsilon,
\end{aligned}$$

即 $x_0(t)$ 在 $[a,b]$ 的任一点 t_0 处连续, 故 $x_0(t) \in X = C[a,b]$. 再由(3.2)得

$$\|x_n - x_0\| = \max_{a \leqslant t \leqslant b} |x_n(t) - x_0(t)| \leqslant \varepsilon < 2\varepsilon,$$

即 X 中的柯西列 $\{x_n\}$ 是收敛的, 故 X 是巴拿赫空间.

由例 3.1 可以看出, $X = C[a,b]$ 中的柯西列 $\{x_n\}$ 收敛到 x_0, 则对 $\forall \varepsilon > 0$, 存在自然数 N, 当 $n > N$ 时, 有

$$|x_n(t) - x_0(t)| < \varepsilon, \quad \forall t \in [a,b]. \tag{3.4}$$

也就是说, 对于 $\forall t \in [a,b]$, 使得不等式(3.4)成立的自然数 N 是统一的(一致的), 这与函数列 $\{x_n(t)\}$ 的逐点收敛性是有区别的, 因为对于逐点收敛, 不同的 $t \in [a, b]$ 使得(3.4)成立的 N 是不一样的.

定义 3.4　对于一个实数集 I 上的函数列 $\{u_n(x)\}$, 若对 $\forall \varepsilon > 0$, 存在自然数 N, 只要 $n > N$ 就有

$$|u_n(x) - u_0(x)| < \varepsilon,$$

则称 $\{u_n(x)\}$ 在 I 上是**一致收敛**的.

由定义容易证明, 若 $\{u_n(x)\}$ 在 I 上一致收敛, 则 $\{u_n(x)\}$ 在 I 上一定是逐点收敛的.

定义 3.5　若函数项级数 $\sum\limits_{n=1}^{\infty} u_n(x)$ 的前 n 项部分和 $s_n(x)$ 在收敛域的一个子集 I 上是一致收敛的, 则称 $\sum\limits_{n=1}^{\infty} u_n(x)$ 在 I 上是**一致收敛**的.

例 3.2　研究区间 $[0,1)$ 上的函数列 $\{x^n\}$ 的一致收敛性.

解　显然对任意的 $x \in [0,1)$, 都有 $\lim\limits_{n \to \infty} x^n = 0$, 即函数列 $\{x^n\}$ 逐点收敛到 0, 所以如果 $\{x^n\}$ 一致收敛, 则必然一致收敛到 0. 对于 $\varepsilon_n = \dfrac{1}{n} > 0$, 总有 $x = \left(1 - \dfrac{1}{n}\right) \in [0,1)$, 而

$$|x^n - 0| = \left|\left(1 - \frac{1}{n}\right)^n - 0\right| = \left(1 - \frac{1}{n}\right)^n > \frac{1}{2} \quad (n > 2),$$

所以 $\{x^n\}$ 在区间 $[0,1)$ 上不具有一致收敛性.

定理 3.1　若函数列 $\{u_n(x)\}, \{v_n(x)\}$ 在 I 上一致收敛, 则 $\{u_n(x) \pm v_n(x)\}$ 及 $\{kv_n(x)\}$ 在 I 上是一致收敛的, 且

(1) $\lim\limits_{n \to \infty}(u_n(x) \pm v_n(x)) = \lim\limits_{n \to \infty} u_n(x) \pm \lim\limits_{n \to \infty} v_n(x)$;

(2) $\lim\limits_{n \to \infty} kv_n(x) = k \lim\limits_{n \to \infty} v_n(x)$, $\forall k \in \mathbf{R}^1$.

定理的证明由读者自己完成.

定理 3.2　函数项级数 $\sum\limits_{n=1}^{\infty} u_n(x)$ 在 I 上是一致收敛的必要条件是 $\{u_n(x)\}$ 在 I 上一致收敛到零.

证明　若 $\sum\limits_{n=1}^{\infty} u_n(x)$ 在 I 上是一致收敛的, 即其前 n 项部分和 $\{s_n(x)\}$ 在 I 上是一致收敛的, $\{s_{n-1}(x)\}$ 也是一致收敛的, 由定理 3.1 知 $\{s_n(x) - s_{n-1}(x)\}$ 在 I 上是一致收敛的, 因此 $\{u_n(x)\}$ 在 I 上一致收敛, 且 $\lim\limits_{n\to\infty} u_n(x) = \lim\limits_{n\to\infty} s_n(x) - \lim\limits_{n\to\infty} s_{n-1}(x) = 0$.

例 3.3　研究函数项级数 $\sum\limits_{n=1}^{\infty} x^n$ 在区间 $[0,1)$ 的一致收敛性.

解　由例 3.2 知 $\{x^n\}$ 在区间 $[0,1)$ 上不是一致收敛的, 所以由定理 3.2 知 $\sum\limits_{n=1}^{\infty} x^n$ 在区间 $[0,1)$ 上不是一致收敛的.

定理 3.3 (柯西一致收敛准则)　函数项级数 $\sum\limits_{n=1}^{\infty} u_n(x)$ 在数集 I 上一致收敛的充要条件为: 对 $\forall \varepsilon > 0$, 存在自然数 N, 当 $n > N$ 时, 对一切 $x \in I$ 和一切自然数 p, 都有

$$\left| S_{n+p}(x) - S_n(x) \right| < \varepsilon,$$

即

$$\left| u_{n+1}(x) + u_{n+2}(x) + \cdots + u_{n+p}(x) \right| < \varepsilon.$$

定理的证明由读者完成.

定理 3.4 (M 判别法)　设函数项级数 $\sum\limits_{n=1}^{\infty} u_n(x)$ 定义在实数集 I 上, $\sum\limits_{n=1}^{\infty} M_n$ 为收敛的正项级数, 若对一切 $x \in I$, 有

$$\left| u_x(x) \right| \leqslant M_n, \quad n = 1, 2, \cdots, \tag{3.5}$$

则函数项级数 $\sum\limits_{n=1}^{\infty} u_n(x)$ 在 I 上一致收敛.

证明　由假设正项级数 $\sum\limits_{n=1}^{\infty} M_n$ 收敛, 对 $\forall \varepsilon > 0$, 存在自然数 N, 只要 $n > N$ 及任何自然数 p, 有

$$\left| M_{n+1} + \cdots + M_{n+p} \right| = M_{n+1} + \cdots + M_{n+p} < \varepsilon.$$

由(3.5)有

$$\left|u_{n+1}(x)+\cdots+u_{n+p}(x)\right| \leqslant \left|u_{n+1}(x)\right|+\cdots+\left|u_{n+p}(x)\right| \leqslant M_{n+1}+\cdots+M_{n+p} < \varepsilon.$$

根据函数项级数一致收敛的柯西准则, 级数 $\sum u_n(x)$ 在 I 上一致收敛.

由证明过程知, 若能用 M 判别法判定 $\sum\limits_{n=1}^{\infty} u_n(x)$ 的一致收敛性, 则 $\sum\limits_{n=1}^{\infty} u_n(x)$ 必是绝对收敛的, 故 M 判别法对条件收敛的函数项级数失效.

例 3.4　判断函数项级数 $\sum\limits_{n=1}^{\infty} \dfrac{\sin nx}{n^2}$ 在 $(-\infty,+\infty)$ 上的一致收敛性.

解　因为对一切 $x \in (-\infty,+\infty)$ 有 $\left|\dfrac{\sin nx}{n^2}\right| \leqslant \dfrac{1}{n^2}, \left|\dfrac{\cos nx}{n^2}\right| \leqslant \dfrac{1}{n^2}$, 而正项级数 $\sum \dfrac{1}{n^2}$ 是收敛的, 所以由 M 判别法知 $\sum\limits_{n=1}^{\infty} \dfrac{\sin nx}{n^2}$ 在 $(-\infty,+\infty)$ 上具有一致收敛性.

三、一致收敛域上函数项级数和函数的性质

由于在实数集 I 上一致收敛的函数项级数同时也是逐点收敛的, 所以函数项级数 $\sum\limits_{n=1}^{\infty} u_n(x)$ 在 I 上有和函数 $s(x)$.

定理 3.5 (和函数的连续性)　若函数项级数 $\sum\limits_{n=1}^{\infty} u_n(x)$ 在区间 I 上一致收敛, 且每一项 $u_n(x)$ 在 I 上连续, 则其和函数也在 I 上连续, 且

$$\lim_{x \to x_0} \sum_{n=1}^{\infty} u_n(x) = \sum_{n=1}^{\infty} \lim_{x \to x_0} u_n(x) = \sum_{n=1}^{\infty} u_n(x_0), \quad \forall x_0 \in I.$$

证明　由于 $\sum\limits_{n=1}^{\infty} u_n(x)$ 在区间 I 上一致收敛, 由柯西收敛准则, 对 $\forall \varepsilon > 0$, 存在自然数 N, 当 $n > N$ 时, 对一切 $x \in I$ 和一切自然数 p, 都有

$$\left|s_{n+p}(x)-s_n(x)\right| < \varepsilon, \quad \forall x \in I, \tag{3.6}$$

即对 $\forall x \in I$, $\{s_n(x)\}$ 是实数集中的柯西列, 收敛.

在(3.6)中令 $p \to \infty$ 得

$$\left|s_n(x)-s(x)\right| \leqslant \varepsilon < 2\varepsilon, \quad \forall x \in I. \tag{3.7}$$

对于 $\forall x_0 \in I$, $s_{N+1}(x)$ 在 x_0 处连续, 存在 $\delta > 0$, 只要 $x \in \overset{\circ}{U}(x_0,\delta) \bigcap I$, 就有

$$\left|s_{N+1}(x)-s_{N+1}(x_0)\right| < \varepsilon. \tag{3.8}$$

所以由(3.7), (3.8)得

$$|s(x) - s(x_0)| = |s(x) - s_{N+1}(x) + s_{N+1}(x) - s_{N+1}(x_0) + s_{N+1}(x_0) - s(x_0)|$$
$$\leqslant |s(x) - s_{N+1}(x)| + |s_{N+1}(x) - s_{N+1}(x_0)| + |s_{N+1}(x_0) - s(x_0)| < 5\varepsilon,$$

即 $s(x)$ 在 I 上的任一点 x_0 处连续. 而

$$\lim_{x \to x_0} \sum_{n=1}^{\infty} u_n(x) = \lim_{x \to x_0} s(x) = s(x_0) = \sum_{n=1}^{\infty} u_n(x_0) = \sum_{n=1}^{\infty} \lim_{x \to x_0} u_n(x),$$

即

$$\lim_{x \to x_0} \sum_{n=1}^{\infty} u_n(x) = \sum_{n=1}^{\infty} \lim_{x \to x_0} u_n(x) = \sum_{n=1}^{\infty} u_n(x_0).$$

定理 3.6 (逐项积分) 若函数项级数 $\sum\limits_{n=1}^{\infty} u_n(x)$ 在区间 I 上一致收敛, 且每一项 $u_n(x)$ 都连续, 则对于 I 的任一个子区间 $[a,b]$, 有

$$\int_a^b \left(\sum_{n=1}^{\infty} u_n(x) \right) \mathrm{d}x = \sum_{n=1}^{\infty} \int_a^b u_n(x) \mathrm{d}x. \tag{3.9}$$

证明 记 $a_n = \int_a^b u_n(x) \mathrm{d}x.$ 由于 $\sum\limits_{n=1}^{\infty} u_n(x)$ 在区间 I 上一致收敛, 则对 $\forall \varepsilon > 0$, 存在自然数 N, 当 $n > N$ 时, 对一切 $x \in I$ 和一切自然数 p, 都有

$$|u_{n+1}(x) + u_{n+2}(x) + \cdots + u_{n+p}(x)| < \varepsilon, \quad \forall x \in [a,b],$$

所以

$$|a_{n+1} + a_{n+2} + \cdots + a_{n+p}| = \left| \int_a^b u_{n+1}(x) \mathrm{d}x + \int_a^b u_{n+2}(x) \mathrm{d}x + \cdots + \int_a^b u_{n+p}(x) \mathrm{d}x \right|$$
$$\leqslant \left| \int_a^b \varepsilon \mathrm{d}x \right| \leqslant \varepsilon(b-a).$$

由常数项级数的柯西收敛准则知 $\sum\limits_{n=1}^{\infty} a_n$ 收敛, 即 $\sum\limits_{n=1}^{\infty} \int_a^b u_n(x) \mathrm{d}x$ 收敛.

$$\left| \int_a^b \left(\sum_{n=1}^{\infty} u_n(x) \right) \mathrm{d}x - \sum_{n=1}^{\infty} \int_a^b u_n(x) \mathrm{d}x \right|$$
$$= \left| \int_a^b \left(\sum_{n=1}^{N} u_n(x) + \sum_{n=N+1}^{\infty} u_n(x) \right) \mathrm{d}x - \sum_{n=1}^{N} \int_a^b u_n(x) \mathrm{d}x - \sum_{n=N+1}^{\infty} \int_a^b u_n(x) \mathrm{d}x \right|$$
$$\leqslant \left| \int_a^b \left(\sum_{n=1}^{N} u_n(x) \right) \mathrm{d}x - \sum_{n=1}^{N} \int_a^b u_n(x) \mathrm{d}x \right| + \left| \int_a^b \left(\sum_{n=N+1}^{\infty} u_n(x) \right) \mathrm{d}x - \sum_{n=N+1}^{\infty} \int_a^b u_n(x) \mathrm{d}x \right|$$
$$= \left| \int_a^b \left(\sum_{n=N+1}^{\infty} u_n(x) \right) \mathrm{d}x - \sum_{n=N+1}^{\infty} \int_a^b u_n(x) \mathrm{d}x \right|$$
$$\leqslant 2\varepsilon(b-a),$$

故

$$\int_a^b \left(\sum_{n=1}^\infty u_n(x) \right) \mathrm{d}x = \sum_{n=1}^\infty \int_a^b u_n(x) \mathrm{d}x.$$

定理 3.7（逐项求导）　若函数项级数 $\sum_{n=1}^\infty u_n(x)$ 在区间 I 上逐项收敛，每一项 $u_n(x)$ 都有连续导函数，且 $\sum_{n=1}^\infty u_n'(x)$ 在区间 I 上一致收敛，则

$$\left(\sum_{n=1}^\infty u_n(x) \right)' = \sum_{n=1}^\infty u_n'(x), \quad \forall x \in I. \tag{3.10}$$

证明　在区间 I 上任取一点 a，则由定理 3.6 得

$$\int_a^x \left(\sum_{n=1}^\infty u_n'(t) \right) \mathrm{d}t = \int_a^x \sum_{n=1}^\infty u_n'(t) \mathrm{d}t = \sum_{n=1}^\infty u_n(x) - \sum_{n=1}^\infty u_n(a),$$

上式两边求导得(3.10).

习　题　12.3

1. 试证 $\sum_{n=1}^\infty x^n$ 在 $[-r,r]$ $(0<r<1)$ 上一致收敛，但在 $(-1,1)$ 内不一致收敛.

2. 证明函数项级数 $\sum_{n=1}^\infty \frac{\cos nx}{n^2}$ 在 $(-\infty,+\infty)$ 上一致收敛.

3. 证明函数项级数 $\sum_{n=1}^\infty \frac{n!}{n^n x^n}$ 的和函数在 $[1,+\infty)$ 上是连续的.

第四节　幂　级　数

一、幂级数的意义与概念

对于自然数 n，幂函数 x^n 是非常简单且性质良好的函数，因此希望用由这些函数构成的函数列 $\{x^n\}$ 来构造函数项级数

$$a_0 + a_1 x + a_2 x^2 + \cdots + a_n x^n + \cdots. \tag{4.1}$$

称表达式(4.1)为一个**幂级数**，其中常数列 $\{a_n\}$ 中的 a_n 称为幂级数的**系数**.

$$1 + x + x^2 + x^3 + \cdots + x^n + \cdots,$$

$$1 + x + \frac{1}{2!}x^2 + \cdots + \frac{1}{n!}x^n + \cdots$$

均为幂级数.

也称表达式

$$a_0 + a_1(x - x_0) + a_2(x - x_0)^2 + \cdots + a_n(x - x_0)^n + \cdots$$

为幂级数, 但由于经变换 $t = x - x_0$ 后上式变为

$$a_0 + a_1 t + a_2 t^2 + \cdots + a_n t^n + \cdots,$$

即(4.1)的形式, 所以后面将主要研究幂级数(4.1). 幂级数作为一种函数项级数, 研究其收敛域及和函数为幂级数的主要内容.

二、幂级数的收敛域

定理 4.1 (阿贝尔定理) 如果级数 $\sum\limits_{n=0}^{\infty} a_n x_0^n$ **收敛**, 则当 $|x| < |x_0|$ 时级数 $\sum\limits_{n=0}^{\infty} a_n x^n$

绝对收敛; 若级数 $\sum\limits_{n=0}^{\infty} a_n x_0^n$ 发散, 则当 $|x| > |x_0|$ 时 $\sum\limits_{n=0}^{\infty} a_n x^n$ 级数发散.

证明 若级数 $\sum\limits_{n=0}^{\infty} a_n x_0^n$ 收敛, 由级数收敛的必要条件, 有 $\lim\limits_{n \to \infty} a_n x_0^n = 0$, 所以

存在自然数 N, 只要 $n > N$, 就有 $\left| a_n x_0^n \right| \leqslant 1$. 当 $|x| < |x_0|$ 时, 有

$$|a_n x^n| = \left| a_n x_0^n \cdot \frac{x^n}{x_0^n} \right| = \left| a_n x_0^n \right| \cdot \left| \frac{x}{x_0} \right|^n \leqslant M \cdot \left| \frac{x}{x_0} \right|^n.$$

因为当 $|x| < |x_0|$ 时, 等比级数 $\sum\limits_{n=0}^{\infty} \left| \frac{x}{x_0} \right|^n$ 收敛, 所以级数 $\sum\limits_{n=0}^{\infty} |a_n x^n|$ 收敛, 也就是级数

$\sum\limits_{n=0}^{\infty} a_n x^n$ 绝对收敛.

若级数 $\sum\limits_{n=0}^{\infty} a_n x_0^n$ 发散, 而当 $|x| > |x_0|$ 时 $\sum\limits_{n=0}^{\infty} a_n x^n$ 级数收敛, 由已证明的结果, 级

数 $\sum\limits_{n=0}^{\infty} a_n x_0^n$ 绝对收敛, 矛盾.

显然对于任何幂级数 $\sum\limits_{n=0}^{\infty} a_n x^n$, 其收敛域至少包含一个收敛点 0. 由定理 4.1 可

知, 对于幂级 $\sum\limits_{n=0}^{\infty} a_n x^n$, 除了只在原点处收敛和在任何点都收敛的两种极端情况,

一定存在正数 R, 使得当 $|x| < R$ 时, 幂级数绝对收敛, 当 $|x| > R$ 时, 幂级数发散,

当 $x = R$ 与 $x = -R$ 时, 幂级数可能收敛也可能发散. 称这样的 R 为幂级数 $\sum\limits_{n=0}^{\infty} a_n x^n$ 的**收敛半径**, 开区间 $(-R, R)$ 叫做幂级数 $\sum\limits_{n=0}^{\infty} a_n x^n$ 的收敛区间. 再由幂级数在 $x = \pm R$ 处的收敛性就可以决定它的收敛域.

若幂级数 $\sum\limits_{n=0}^{\infty} a_n x^n$ 只在 $x = 0$ 收敛, 则规定收敛半径 $R = 0$, 若幂级数 $\sum\limits_{n=0}^{\infty} a_n x^n$ 对一切 x 都收敛, 则规定收敛半径 $R = +\infty$, 这时收敛域为 $(-\infty, +\infty)$.

定理 4.2　如果 $\lim\limits_{n\to\infty}\left|\dfrac{a_{n+1}}{a_n}\right| = \rho$, 则幂级数 $\sum\limits_{n=0}^{\infty} a_n x^n$ 的收敛半径为

$$R = \begin{cases} +\infty, & \rho = 0, \\ \dfrac{1}{\rho}, & \rho \neq 0, \\ 0, & \rho = +\infty. \end{cases}$$

证明　$\lim\limits_{n\to\infty}\left|\dfrac{a_{n+1}x^{n+1}}{a_n x^n}\right| = \lim\limits_{n\to\infty}\left|\dfrac{a_{n+1}}{a_n}\right| \cdot |x| = \rho |x|.$

(1) 如果 $0 < \rho < +\infty$, 则只当 $\rho |x| < 1$ 时幂级数收敛, 故 $R = \dfrac{1}{\rho}$;

(2) 如果 $\rho = 0$, 则幂级数总是收敛的, 故 $R = +\infty$;

(3) 如果 $\rho = +\infty$, 则只当 $x = 0$ 时幂级数收敛, 故 $R = 0$.

需要注意的是, 不论 n 多大, 都存在 a_n, 而 $a_n = 0$, 此定理不能用.

例 4.1　求幂级数 $\sum\limits_{n=1}^{\infty} (-1)^{n-1}\dfrac{x^n}{n}$ 的收敛半径与收敛域.

解　因为 $\rho = \lim\limits_{n\to\infty}\left|\dfrac{a_{n+1}}{a_n}\right| = \lim\limits_{n\to\infty}\dfrac{\dfrac{1}{n+1}}{\dfrac{1}{n}} = 1$, 所以收敛半径为 $R = \dfrac{1}{\rho} = 1.$

当 $x = 1$ 时, 幂级数为 $\sum\limits_{n=1}^{\infty}(-1)^{n-1}\dfrac{1}{n}$, 是收敛的;

当 $x = -1$ 时, 幂级数为 $\sum\limits_{n=1}^{\infty}\left(-\dfrac{1}{n}\right)$, 是发散的, 因此幂级数的收敛域为 $(-1, 1]$.

例 4.2　求幂级数 $\sum\limits_{n=0}^{\infty}\dfrac{1}{n!}x^n$ 的收敛域.

解　因为

$$\rho = \lim_{n\to\infty}\left|\frac{a_{n+1}}{a_n}\right| = \lim_{n\to\infty}\frac{\frac{1}{(n+1)!}}{\frac{1}{n!}} = \lim_{n\to\infty}\frac{n!}{(n+1)!} = 0,$$

所以收敛半径为 $R = +\infty$, 从而收敛域为 $(-\infty, +\infty)$.

例 4.3 求幂级数 $\sum\limits_{n=0}^{\infty} n!x^n$ 的收敛半径.

解 因为

$$\rho = \lim_{n\to\infty}\left|\frac{a_{n+1}}{a_n}\right| = \lim_{n\to\infty}\frac{(n+1)!}{n!} = +\infty,$$

所以收敛半径为 $R = 0$, 即级数的收敛域为单点集 $\{0\}$.

例 4.4 求幂级数 $\sum\limits_{n=0}^{\infty}\frac{(2n)!}{(n!)^2}x^{2n}$ 的收敛半径.

解 级数缺少奇次幂的项, 说明 $a_{2n+1} = 0$, 定理 4.2 不能应用. 可根据比值审敛法来求收敛半径. 记 $u_n(x) = \frac{(2n)!}{(n!)^2}x^{2n}$, 令 $\lim\limits_{n\to\infty}\left|\frac{u_{n+1}(x)}{u_n(x)}\right| = 4|x|^2 = 1$, 得 $x = \frac{1}{2}$, 所以级数的收敛半径为 $R = \frac{1}{2}$.

例 4.5 求幂级数 $\sum\limits_{n=1}^{\infty}\frac{(x-1)^n}{2^n n}$ 的收敛域.

解 令 $t = x-1$, 上述级数变为 $\sum\limits_{n=1}^{\infty}\frac{t^n}{2^n n}$.

因为 $\rho = \lim\limits_{n\to\infty}\left|\frac{a_{n+1}}{a_n}\right| = \frac{2^n \cdot n}{2^{n+1} \cdot (n+1)} = \frac{1}{2}$, 所以收敛半径 $R = 2$.

当 $t = 2$ 时, 级数为 $\sum\limits_{n=1}^{\infty}\frac{1}{n}$, 此级数发散; 当 $t = -2$ 时, 级数为 $\sum\limits_{n=1}^{\infty}\frac{(-1)^n}{n}$, 此级数收敛. 因此级数 $\sum\limits_{n=1}^{\infty}\frac{t^n}{2^n n}$ 的收敛域为 $-2 \leqslant t < 2$. 因为 $-2 \leqslant x-1 < 2$, 即 $-1 \leqslant x < 3$, 所以原级数的收敛域为 $[-1, 3)$.

定理 4.3 如果 $\lim\limits_{n\to\infty}\sqrt[n]{|a_n|} = \rho$, 则幂级数 $\sum\limits_{n=0}^{\infty}a_n x^n$ 的收敛半径为

$$R = \begin{cases} +\infty, & \rho = 0, \\ \dfrac{1}{\rho}, & \rho \neq 0, \\ 0, & \rho = +\infty. \end{cases}$$

证明　因为 $\lim\limits_{n\to\infty}\sqrt[n]{|a_nx^n|}=\lim\limits_{n\to\infty}\sqrt[n]{|a_n|}\cdot|x|=\rho|x|$，所以

(1)　如果 $0<\rho<+\infty$，则只当 $\rho|x|<1$ 时幂级数收敛，故 $R=\dfrac{1}{\rho}$；

(2)　如果 $\rho=0$，则幂级数总是收敛的，故 $R=+\infty$；

(3)　如果 $\rho=+\infty$，则只当 $x=0$ 时幂级数收敛，故 $R=0$.

例 4.6　求幂级数 $\sum\limits_{n=1}^{\infty}\dfrac{x^n}{a^n+b^n}\ (a>0,b>0)$ 的收敛域.

解　因为 $\lim\limits_{n\to\infty}\sqrt[n]{a_n}=\lim\limits_{n\to\infty}\dfrac{1}{\sqrt[n]{a^n+b^n}}=\dfrac{1}{\max\{a,b\}}$，所以收敛半径为 $R=\max\{a,b\}$，

当 $x=\pm\max\{a,b\}$ 时，原级数发散，故收敛域为 $(-R,R)$，其中 $R=\max\{a,b\}$.

三、幂级数和函数的性质

定理 4.4 (幂级数的内闭一致收敛性)　设幂级数 $\sum\limits_{n=0}^{\infty}a_nx^n$ 的收敛区间是 $(-R,R)$，则对于 $[a,b]\subset(-R,R)$，幂级数在闭区间 $[a,b]$ 上是一致收敛的.

证明　记 $r=\max\{|a|,|b|\}$，则 $\sum\limits_{n=0}^{\infty}a_nr^n$ 是绝对收敛的. 由于

$$\sum_{n=0}^{\infty}|a_nx^n|\leqslant\sum_{n=0}^{\infty}|a_nr^n|,\quad\forall x\in[a,b],$$

所以由定理 3.4 知幂级数在闭区间 $[a,b]$ 上是一致收敛的.

定理 4.5　幂级数 $\sum\limits_{n=0}^{\infty}(a_nx^n)'\left(\text{即}\sum\limits_{n=1}^{\infty}na_nx^{n-1}\right)$ 与 $\sum\limits_{n=0}^{\infty}a_nx^n$ 有相同的收敛半径(从而有相同的收敛区间).

证明　若 x_0 是幂级数 $\sum\limits_{n=0}^{\infty}na_nx^{n-1}$ 收敛区间内的一点，则 $\sum\limits_{n=1}^{\infty}na_nx_0^{n-1}$ 绝对收敛. 而

$$|a_nx_0^n|\leqslant|x_0||na_nx_0^{n-1}|,$$

所以由正项级数的比较判别法知 $\sum\limits_{n=0}^{\infty}a_nx^n$ 在 x_0 处绝对收敛.

设幂级数 $\sum\limits_{n=0}^{\infty}a_nx^n$ 的收敛半径为 R，x_0 为 $\sum\limits_{n=0}^{\infty}a_nx^n$ 收敛区间内的一个点，则

$|x_0|<R$. 记 $r=\dfrac{|x_0|+R}{2}>|x_0|$，则 $\sum\limits_{n=0}^{\infty}a_nx^n$ 在 $x=r$ 处绝对收敛，且 $\lim\limits_{n\to\infty}\left|\dfrac{nx_0^{n-1}}{r^{n-1}}\right|=0$，所

以存在自然数 N，当 $n > N$ 时有 $\left| \dfrac{nx_0^{n-1}}{r^{n-1}} \right| < 1$，而

$$\left| na_n x_0^{n-1} \right| = \left| \frac{nx_0^{n-1}}{r^{n-1}} \right| \left| a_n r^{n-1} \right| < \left| a_n r^{n-1} \right| \quad (n > N),$$

故 $\displaystyle\sum_{n=0}^{\infty} na_n x^{n-1}$ 在点 x_0 处绝对收敛. 综上所述知 $\displaystyle\sum_{n=1}^{\infty} na_n x^{n-1}$ 与 $\displaystyle\sum_{n=0}^{\infty} a_n x^n$ 有相同的收敛半径.

定理 4.6　设幂级数 $\displaystyle\sum_{n=0}^{\infty} a_n x^n$ 的收敛半径为 R，则

(1) 幂级数 $\displaystyle\sum_{n=0}^{\infty} a_n x^n$ 的和函数 $s(x)$ 在收敛区间 $(-R, R)$ 内是连续的；

(2) (逐项可导性)在收敛区间 $(-R, R)$ 内有 $s(x) = \left(\displaystyle\sum_{n=0}^{\infty} a_n x^n \right)' = \displaystyle\sum_{n=1}^{\infty} na_n x^{n-1}$；

(3) (逐项可积性)对 $\forall x \in (-R, R)$，有

$$\int_0^x s(x)\mathrm{d}x = \int_0^x \left(\sum_{n=0}^{\infty} a_n x^n \right)\mathrm{d}x = \sum_{n=0}^{\infty} \int_0^x a_n x^n \mathrm{d}x = \sum_{n=0}^{\infty} \frac{a_n}{n+1} x^{n+1} \quad (x \in I),$$

且逐项积分后所得到的幂级数和原级数有相同的收敛半径.

定理 4.6 的证明可直接由定理 3.5、定理 3.6、定理 4.4 和定理 4.5 得出.

定理 4.7　设幂级数 $\displaystyle\sum_{n=0}^{\infty} a_n x^n$，$\displaystyle\sum_{n=0}^{\infty} b_n x^n$ 及 $\displaystyle\sum_{n=0}^{\infty} (a_n + b_n) x^n$ 的收敛半径分别为 R_a，R_b, R_c，则 $R_c \geqslant \min\{R_a, R_b\}$.

证明　若 x_0 为 $\displaystyle\sum_{n=0}^{\infty} a_n x^n$ 及 $\displaystyle\sum_{n=0}^{\infty} b_n x^n$ 的收敛点，则必为 $\displaystyle\sum_{n=0}^{\infty} (a_n + b_n) x^n$ 的收敛点，故 $R_c \geqslant \min\{R_a, R_b\}$.

可利用幂级数的性质来求某些幂级数的和函数.

例 4.7　求幂级数 $\displaystyle\sum_{n=0}^{\infty} \frac{1}{n+1} x^n$ 的和函数.

解　容易得幂级数的收敛域为 $[-1, 1)$. 设和函数为 $s(x)$，即 $s(x) = \displaystyle\sum_{n=0}^{\infty} \frac{1}{n+1} x^n$，$x \in [-1, 1)$，显然 $s(0) = 1$.

在 $xs(x) = \displaystyle\sum_{n=0}^{\infty} \frac{1}{n+1} x^{n+1}$ 的两边求导得

$$[xs(x)]' = \sum_{n=0}^{\infty} \left(\frac{1}{n+1} x^{n+1} \right)' = \sum_{n=0}^{\infty} x^n = \frac{1}{1-x}.$$

对上式从 0 到 x 积分, 得

$$xs(x) = \int_0^x \frac{1}{1-x} dx = -\ln(1-x).$$

于是, 当 $x \neq 0$ 时, 有 $s(x) = -\frac{1}{x}\ln(1-x)$. 从而 $s(x) = \begin{cases} -\dfrac{1}{x}\ln(1-x), & 0 < |x| < 1, \\ 1, & x = 0. \end{cases}$

由和函数在收敛域上的连续性, $s(-1) = \lim\limits_{x \to -1^+} s(x) = \ln 2$. 综合起来得

$$s(x) = \begin{cases} -\dfrac{1}{x}\ln(1-x), & x \in [-1, 0) \bigcup (0, 1), \\ 1, & x = 0. \end{cases}$$

例 4.8　求级数 $\displaystyle\sum_{n=0}^{\infty} \frac{(-1)^n}{n+1}$ 的和.

解　由例 4.7 知 $s(-1) = \displaystyle\sum_{n=0}^{\infty} \frac{(-1)^n}{n+1} = \ln 2$, 所以 $\displaystyle\sum_{n=0}^{\infty} \frac{(-1)^n}{n+1} = \ln\frac{1}{2}$.

四、函数的幂级数展开

由定理 4.6 可知, 幂级数 $\displaystyle\sum_{n=0}^{\infty} a_n x^n$ 的和函数在其收敛区间 $(-R, R)$ 内是可以任意阶求导的, 也就是说幂级数 $\displaystyle\sum_{n=0}^{\infty} a_n(x-x_0)^n$ 的和函数 $s(x)$ 在幂级数的收敛区间 $(-R+x_0, R+x_0)$ 内是可以任意阶求导的, 即 $s(x) \in C^{(\infty)}(-R+x_0, R+x_0)$. 也就是说, 如果要将函数 $f(x)$ 在以 x_0 为心的一个区间 $(-R+x_0, R+x_0)$ 上展开为幂级数 $\displaystyle\sum_{n=0}^{\infty} a_n(x-x_0)^n$, 则 $f(x)$ 必须在区间 $(-R+x_0, R+x_0)$ 上有任意阶导数, 当然 $f(x)$ 在 x_0 处有任意阶导数, 从而由泰勒公式有

$$f(x) = f(x_0) + f'(x_0)(x-x_0) + \frac{f''(x_0)}{2!}(x-x_0)^2 + \cdots + \frac{f^{(n)}(x_0)}{n!}(x-x_0)^n$$
$$+ \frac{f^{(n+1)}(\xi)}{(n+1)!}(x-x_0)^{n+1}.$$

称多项式

$$T_n(x, x_0) = f(x_0) + f'(x_0)(x-x_0) + \frac{f''(x_0)}{2!}(x-x_0)^2 + \cdots + \frac{f^{(n)}(x_0)}{n}(x-x_0)^n$$

为线性空间 $C^{(\infty)}(-R+x_0, R+x_0)$ 中的向量(函数)在 x_0 处的 n 次泰勒多项式, 称幂级数

$$\sum_{n=0}^{\infty} \frac{f^{(n)}(x_0)}{n!}(x-x_0)^n = f(x_0) + f'(x_0)(x-x_0)$$

$$+ \frac{f''(x_0)}{2!}(x-x_0)^2 + \cdots + \frac{f^{(n)}(x_0)}{n}(x-x_0)^n + \cdots$$

为函数 $f(x)$ 在 x_0 处的泰勒级数, 当 $x_0 = 0$ 时, 称其为 $f(x)$ 的麦克劳林级数. $f(x)$ 在 x_0 处的泰勒级数在一个点 x 处是否收敛到 $f(x)$, 这取决于对应的余项 $R_n(x) = \frac{f^{(n+1)}(\xi)}{(n+1)!}(x-x_0)^{n+1}$ (ξ 介于 x 与 x_0 之间) 是否收敛到零. 所以要将函数展开为幂级数可分为以下几个步骤进行:

(1) 求出 $f(x)$ 的各阶导数 $f^{(n)}(x)$;

(2) 写出函数在 x_0 处的各阶导数 $f^{(n)}(x_0)$;

(3) 写出函数在 x_0 处的泰勒级数 $\sum_{n=0}^{\infty} \frac{f^{(n)}(x_0)}{n!}(x-x_0)^n$;

(4) 考察使得 $\lim\limits_{n\to\infty} R_n(x) = \lim\limits_{n\to\infty} \frac{f^{(n+1)}(\xi)}{(n+1)!}x^{n+1} = 0$ 的点 x.

(5) 在 $\lim\limits_{n\to\infty} R_n(x) = \lim\limits_{n\to\infty} \frac{f^{(n+1)}(\xi)}{(n+1)!}x^{n+1} = 0$ 的点 x 处写出

$$f(x) = \sum_{n=0}^{\infty} \frac{f^{(n)}(x_0)}{n!}(x-x_0)^n.$$

通过以上的方法将一个函数展开为幂级数的方法称为直接展开法.

例 4.9 将函数 $f(x) = e^x$ 展开成 x 的幂级数.

解 所给函数的各阶导数为 $f^{(n)}(x) = e^x (n = 1, 2, \cdots)$, 因此 $f^{(n)}(0) = 1 (n = 1, 2, \cdots)$. 于是得级数

$$1 + x + \frac{1}{2!}x^2 + \cdots + \frac{1}{n!}x^n + \cdots.$$

对于任何有限的数 x, ξ (ξ 介于 0 与 x 之间), 有

$$|R_n(x)| = \left| \frac{e^\xi}{(n+1)!}x^{n+1} \right| < e^{|x|} \cdot \frac{|x|^{n+1}}{(n+1)!}.$$

而 $\lim\limits_{n\to\infty} \frac{|x|^{n+1}}{(n+1)!} = 0$, 所以 $\lim\limits_{n\to\infty}|R_n(x)| = 0$, 从而有展开式

$$e^x = 1 + x + \frac{1}{2!}x^2 + \cdots + \frac{1}{n!}x^n + \cdots \quad (-\infty < x < +\infty).$$

例 4.10　将函数 $f(x) = \sin x$ 展开成 x 的幂级数.

解　因为 $f^{(n)}(x) = \sin\left(x + n \cdot \dfrac{\pi}{2}\right)(n = 1,2,\cdots)$, 所以

$$f^{(n)}(0) = \begin{cases} 0, & n = 2k, k = 0,1,2,\cdots, \\ (-1)^k, & n = 2k+1, k = 0,1,2,\cdots, \end{cases}$$

得 $f(x) = \sin x$ 的麦克劳林级数

$$x - \frac{x^3}{3!} + \frac{x^5}{5!} - \cdots + (-1)^{n-1}\frac{x^{2n-1}}{(2n-1)!} + \cdots.$$

对于任何有限的数 x, ξ(ξ 介于 0 与 x 之间), 有

$$|R_n(x)| = \left|\frac{\sin\left[\xi + \dfrac{(n+1)\pi}{2}\right]}{(n+1)!}x^{n+1}\right| \leqslant \frac{|x|^{n+1}}{(n+1)!} \to 0 \quad (n \to \infty),$$

因此得展开式

$$\sin x = \sum_{n=0}^{\infty}\frac{(-1)^n}{(2n+1)!}x^{2n+1} \quad (-\infty < x < +\infty).$$

有时候要判断是否余项的极限 $\lim\limits_{n\to\infty} R_n(x) = \lim\limits_{n\to\infty}\dfrac{f^{(n+1)}(\xi)}{(n+1)!}x^{n+1} = 0$ 往往比较困

难, 也可以先得到函数的泰勒级数, 然后证明泰勒级数的和函数就是 $f(x)$.

例 4.11　将函数 $f(x) = (1+x)^{\alpha}$ 展开成 x 的幂级数, 其中 α 为任意常数.

解　$f(x)$ 的各阶导数为

$$f^{(n)}(x) = \alpha(\alpha-1)(\alpha-2)\cdots(\alpha-n+1)(1+x)^{\alpha-n}, \quad n = 1,2,\cdots$$

且 $f(0) = 1$, 所以函数的幂级数为

$$1 + \sum_{n=1}^{\infty}\frac{\alpha(\alpha-1)\cdots(\alpha-n+1)}{n!}x^n.$$

容易求得此幂级数的收敛区间为 $(-1,1)$. 记其和函数为 $s(x)$, 则有

$$(1+x)s'(x) = (1+x)\sum_{n=1}^{\infty}\frac{\alpha(\alpha-1)\cdots(\alpha-n+1)}{(n-1)!}x^{n-1}$$

$$= \sum_{n=1}^{\infty}\frac{\alpha(\alpha-1)\cdots(\alpha-n+1)}{(n-1)!}x^{n-1} + \sum_{n=1}^{\infty}\frac{\alpha(\alpha-1)\cdots(\alpha-n+1)}{(n-1)!}x^n$$

$$= \alpha + \sum_{n=1}^{\infty}\frac{\alpha(\alpha-1)\cdots(\alpha-n)}{n!}x^n + \sum_{n=1}^{\infty}\frac{\alpha(\alpha-1)\cdots(\alpha-n+1)n}{n!}x^n$$

$$= \alpha + \alpha\sum_{n=1}^{\infty}\frac{\alpha(\alpha-1)\cdots(\alpha-n+1)n}{n!}x^n$$

$$= \alpha s(x).$$

所以 $\dfrac{s'(x)}{s(x)} = \dfrac{\alpha}{1+x}$，得 $s(x) = C(1+x)^{\alpha}$．而 $s(0) = 1$，所以 $C = 1$，故 $s(x) = (1+x)^{\alpha}$，即

$$(1+x)^{\alpha} = s(x) = 1 + \sum_{n=1}^{\infty} \frac{\alpha(\alpha-1)\cdots(\alpha-n+1)}{n!} x^n \quad (-1 < x < 1),$$

幂级数在 $x = -1, x = 1$ 处是否收敛到 $(1+x)^{\alpha}$ 要视 α 的取值情况而定.

利用已知函数的幂级数展开式将函数展开为幂级数称为间接展开法.

例 4.12　将函数 $f(x) = \cos x$ 展开成 x 的幂级数.

解　已知 $\sin x = \sum\limits_{n=0}^{\infty} \dfrac{(-1)^n}{(2n+1)!} x^{2n+1}$ $(-\infty < x < +\infty)$，对上式两边求导得

$$\cos x = \sum_{n=0}^{\infty} \frac{(-1)^n}{(2n)!} x^{2n} \quad (-\infty < x < +\infty).$$

例 4.13　将函数 $f(x) = \dfrac{1}{1+x^2}$ 展开成 x 的幂级数.

解　因为 $\dfrac{1}{1-x} = 1 + x + x^2 + \cdots + x^n + \cdots (-1 < x < 1)$，将 x 换成 $-x^2$，得

$$\frac{1}{1+x^2} = 1 - x^2 + x^4 - \cdots + (-1)^n x^{2n} + \cdots \quad (-1 < x < 1),$$

在 $x = -1, x = 1$ 时级数发散.

例 4.14　将函数 $f(x) = \ln(1+x)$ 展开成 x 的幂级数.

解　因为

$$f'(x) = \frac{1}{1+x} = \sum_{n=0}^{\infty} (-1)^n x^n \quad (-1 < x < 1),$$

上式从 0 到 x 逐项积分，得

$$\ln(1+x) = \sum_{n=1}^{\infty} \frac{(-1)^{n-1}}{n} x^n \quad (-1 < x \leqslant 1),$$

上式对 $x = 1$ 也成立，所以

$$\ln(1+x) = \sum_{n=1}^{\infty} \frac{(-1)^{n-1}}{n} x^n \quad (-1 < x \leqslant 1).$$

例 4.15　将函数 $f(x) = \dfrac{1}{x+5}$ 展开成 $(x-3)$ 的幂级数.

解　$f(x) = \dfrac{1}{x+5} = \dfrac{1}{8+(x-3)} = \dfrac{1}{8} \dfrac{1}{1 + \dfrac{x-3}{8}}$

$$= \frac{1}{8} \sum_{n=0}^{\infty} (-1)^n \left(\frac{x-3}{8} \right)^n \quad \left(-1 < \frac{x-3}{8} < 1 \right)$$

$$= \sum_{n=0}^{\infty} (-1)^n \frac{(x-3)^n}{8^{n+1}} \quad (-8 < x-3 < 8).$$

习　题　12.4

1. 求下列幂级数的收敛半径和收敛区间:

(1) $\sum_{n=1}^{\infty} \frac{3^n}{\sqrt{n}} x^n$;

(2) $\sum_{n=1}^{\infty} (-1)^n \frac{x^n}{n^n}$;

(3) $\sum_{n=1}^{\infty} n! x^n$;

(4) $\sum_{n=1}^{\infty} \frac{1}{2^n n} (x-1)^n$;

(5) $\sum_{n=1}^{\infty} \frac{1}{2^{n-1}} x^{2n+1}$;

(6) $\sum_{n=1}^{\infty} \frac{n^2}{3^n} x^n$;

(7) $\sum_{n=1}^{\infty} (-1)^n \frac{x^{2n}}{(2n)!}$;

(8) $\sum_{n=1}^{\infty} \frac{x^n}{a^n + b^n} (a > 0, b > 0)$;

(9) $\sum_{n=1}^{\infty} (-1)^n \frac{1}{2^n 4^n} (x+5)^{2n+1}$;

(10) $\sum_{n=1}^{\infty} \frac{3^n + (-2)^n}{n} (x+1)^n$;

(11) $\sum_{n=1}^{\infty} 2^n \left(\sqrt{n+1} - \sqrt{n} \right) x^{2n}$;

(12) $\sum_{n=1}^{\infty} (-1)^n \left(1 + \frac{1}{2} + \cdots + \frac{1}{n} \right) x^n$.

2. 求下列级数的和函数:

(1) $\sum_{n=1}^{\infty} n x^{n-1}$;

(2) $\sum_{n=1}^{\infty} \frac{1}{2^{n+1}} x^{2n+1}$;

(3) $\sum_{n=1}^{\infty} n x^{2n}$;

(4) $\sum_{n=1}^{\infty} \frac{2n+1}{n!} x^{2n}$;

(5) $\sum_{n=1}^{\infty} n^2 x^n$.

3. 求证: $\ln 2 = \sum_{n=1}^{\infty} \frac{1}{n \cdot 2^n}$.

4. 求常数项级数 $\sum_{n=1}^{\infty} \frac{(-1)^{n-1}}{n(2n-1)}$ 的和.

5. 展开 $\frac{d}{dx} \left(\frac{e^{x-1}}{x} \right)$ 为 x 的幂级数, 并推出 $\sum_{n=1}^{\infty} \frac{n}{(n+1)!} = 1$.

6. 求级数 $\sum_{n=1}^{\infty} 2^{\frac{n}{2}} n x^{3n+1}$ 的收敛区间及和函数.

7. 将下列函数展开成 $(x - x_0)$ 的幂的级数.

(1) $\operatorname{sh} x = \frac{e^x - e^{-x}}{2}, x_0 = 0$;

(2) $\cos^2 x, x_0 = 0$;

(3) $(1+x)\ln(1+x), x_0 = 0$;　　　　　　　(4) $\dfrac{1}{x}, x_0 = 3$;

(5) $\dfrac{1}{2x^2 - 3x + 1}, x_0 = 0$;　　　　　　(6) $\dfrac{1}{x^2}, x_0 = 1$;

(7) $\dfrac{x}{\sqrt{1+x^2}}, x_0 = 0$.

第五节　幂级数的应用

一、在近似计算中的应用

例 5.1　计算 $\sqrt[5]{240}$ 的近似值, 要求误差不超过 10^{-4}.

解　因为 $\sqrt[5]{240} = \sqrt[5]{243 - 3} = 3\left(1 - \dfrac{1}{3^4}\right)^{1/5}$, 所以 $\sqrt[5]{240}$ 就是函数 $f(x) = 3(1+x)^{\frac{1}{5}}$

在 $x = -\dfrac{1}{3^4}$ 处的值, 而

$$(1+x)^{\alpha} = s(x) = 1 + \sum_{n=1}^{\infty} \frac{\alpha(\alpha-1)\cdots(\alpha-n+1)}{n!} x^n \quad (-1 < x < 1),$$

所以

$$3(1+x)^{\frac{1}{5}} = 3 + 3\sum_{n=1}^{\infty} \frac{\frac{1}{5}\left(\frac{1}{5}-1\right)\cdots\left(\frac{1}{5}-n+1\right)}{n!} x^n \quad (-1 < x < 1),$$

故

$$\sqrt[5]{240} = 3\left(1 - \frac{1}{5}\cdot\frac{1}{3^4} - \frac{1\cdot4}{5^2\cdot2!}\cdot\frac{1}{3^8} - \frac{1\cdot4\cdot9}{5^3\cdot3!}\cdot\frac{1}{3^{12}} - \cdots\right).$$

容易证明上式右边的常数项级数是一个莱布尼茨级数, 利用其前 n 项部分和计算其近似值时误差不会超过其第 $n+1$ 项的绝对值, 而第三项的绝对值

$$\frac{1\cdot4}{5^2\cdot2!}\cdot\frac{1}{3^8} = \frac{2}{5^2\cdot3^8} < \frac{1}{24300} < 10^{-4},$$

所以 $\sqrt[5]{240} \approx 3\left(1 - \dfrac{1}{5}\cdot\dfrac{1}{3^4}\right)$, 且误差不超过 10^{-4}.

例 5.2　计算 $\ln 2$ 的近似值, 要求误差不超过 10^{-4}.

解　由例 4.14 有

$$\ln\frac{1+x}{1-x} = \ln(1+x) - \ln(1-x) = 2\left(x + \frac{1}{3}x^3 + \frac{1}{5}x^5 + \cdots\right) \quad (-1 < x < 1),$$

上式中取 $x = \dfrac{1}{3}$ 得

$$\ln 2 = 2\left(\frac{1}{3} + \frac{1}{3} \cdot \frac{1}{3^3} + \frac{1}{5} \cdot \frac{1}{3^5} + \frac{1}{7} \cdot \frac{1}{3^7} + \cdots\right).$$

而且用上式右边的前 4 项部分和计算近似值的误差

$$\begin{aligned}
|r_4| &= 2\left(\frac{1}{9} \cdot \frac{1}{3^9} + \frac{1}{11} \cdot \frac{1}{3^{11}} + \frac{1}{13} \cdot \frac{1}{3^{13}} + \cdots\right) \\
&< \frac{2}{3^{11}}\left[1 + \frac{1}{9} + \left(\frac{1}{9}\right)^2 + \cdots\right] \\
&= \frac{2}{3^{11}} \cdot \frac{1}{1 - \dfrac{1}{9}} = \frac{1}{4 \cdot 3^9} < \frac{1}{70000},
\end{aligned}$$

所以

$$\ln 2 \approx 2\left(\frac{1}{3} + \frac{1}{3} \cdot \frac{1}{3^3} + \frac{1}{5} \cdot \frac{1}{3^5} + \frac{1}{7} \cdot \frac{1}{3^7}\right).$$

考虑到舍入误差, 计算时取五位小数:

$$\frac{1}{3} \approx 0.33333, \quad \frac{1}{3} \cdot \frac{1}{3^3} \approx 0.01235, \quad \frac{1}{5} \cdot \frac{1}{3^5} \approx 0.00082, \quad \frac{1}{7} \cdot \frac{1}{3^7} \approx 0.00007.$$

故 $\ln 2 \approx 0.6931$.

例 5.3　计算定积分 $\dfrac{2}{\sqrt{\pi}} \displaystyle\int_0^{\frac{1}{2}} \mathrm{e}^{-x^2} \mathrm{d}x$ 的近似值, 使误差不超过 0.0001 $\left(\text{取 } \dfrac{1}{\sqrt{\pi}} \approx 0.56419\right)$.

解　因为

$$\mathrm{e}^{-x^2} = \sum_{n=0}^{\infty} (-1)^n \frac{x^{2n}}{n!} \quad (-\infty < x < +\infty),$$

由幂级数在收敛区间内的逐项可积性得

$$\begin{aligned}
\frac{2}{\sqrt{\pi}} \int_0^{\frac{1}{2}} \mathrm{e}^{-x^2} \mathrm{d}x &= \frac{2}{\sqrt{\pi}} \int_0^{\frac{1}{2}} \left[\sum_{n=0}^{\infty} (-1)^n \frac{x^{2n}}{n!}\right] \mathrm{d}x = \frac{2}{\sqrt{\pi}} \sum_{n=0}^{\infty} \frac{(-1)^n}{n!} \int_0^{\frac{1}{2}} x^{2n} \mathrm{d}x \\
&= \frac{1}{\sqrt{\pi}} \left(1 - \frac{1}{2^2 \cdot 3} + \frac{1}{2^4 \cdot 5 \cdot 2!} - \frac{1}{2^6 \cdot 7 \cdot 3!} + \cdots\right).
\end{aligned}$$

上式右边为莱布尼茨级数, 以前四项的和作为近似值, 其误差不超过

$$\frac{1}{\sqrt{\pi}} \frac{1}{2^8 \cdot 9 \cdot 4!} < \frac{1}{90000} < 10^{-4},$$

所以

$$\frac{2}{\sqrt{\pi}}\int_0^{\frac{1}{2}} \mathrm{e}^{-x^2}\mathrm{d}x \approx \frac{1}{\sqrt{\pi}}\left(1-\frac{1}{2^2\cdot 3}+\frac{1}{2^4\cdot 5\cdot 2!}-\frac{1}{2^6\cdot 7\cdot 3!}\right) \approx 0.5295.$$

二、常微分方程的幂级数解法

常微分方程 $F(x,y,y',\cdots,y^{(n)})=0$ 的幂级数解法就是将方程中所有的已知函数展开为幂级数, 并令 $y=\sum_{n=0}^{\infty} a_n x^n$, 代入方程, 得到关于 $a_n(n=0,1,2,\cdots)$ 的方程组, 解出 a_n, 即可得到微分方程的幂级数形式的解 $y=\sum_{n=0}^{\infty} a_n x^n$.

例 5.4　求方程 $y''-2xy'-4y=0$ 满足初值条件 $y(0)=0$ 及 $y'(0)=1$ 的解.

解　设 $y=\sum_{n=0}^{\infty} a_n x^n$ 为方程的解, 利用初值条件可以得到 $a_0=0, a_1=1$, 因而

$$y = x + a_2 x^2 + a_3 x^3 + \cdots + a_n x^n + \cdots,$$
$$y' = 1 + 2a_2 x + 3a_3 x^2 + \cdots + na_n x^{n-1} + \cdots,$$
$$y'' = 2a_2 + 3\cdot 2 a_3 x + \cdots + n(n-1)a_n x^{n-2} + \cdots.$$

将 y, y', y'' 的表达式代入 $y''-2xy'-4y=0$, 合并 x 的各同次幂的项, 令各项系数等于零, 得

$$a_2=0,\ a_3=1,\ a_4=0,\ \cdots,\ a_n=\frac{2}{n-1}a_{n-2},\ \cdots,$$

解得

$$a_5=\frac{1}{2!},\ a_6=0,\ a_7=\frac{1}{6}=\frac{1}{3!},\ a_8=0,\ a_9=\frac{1}{4!},\ \cdots,$$

即

$$a_{2k+1}=\frac{1}{k}\cdot\frac{1}{(k-1)!}=\frac{1}{k!},\quad a_{2k}=0,\quad k=0,1,2,\cdots,$$

所以

$$y=\sum_{k=0}^{\infty}\frac{x^{2k+1}}{k!}=x\sum_{k=0}^{\infty}\frac{(x^2)^k}{k!}=x\mathrm{e}^{x^2}.$$

三、欧拉公式

定义 5.1　设 $\{u_n\},\{v_n\}$ 为实常数列或实函数列, 称数学表达式

$$(u_1+\mathrm{i}v_1)+(u_2+\mathrm{i}v_2)+\cdots+(u_n+\mathrm{i}v_n)+\cdots$$

为一个复数项(无穷)级数, 简记为 $\sum\limits_{n=1}^{\infty}(u_n+\mathrm{i}v_n)$. 如果实部所成的级数 $\sum\limits_{n=1}^{\infty}u_n, \sum\limits_{n=1}^{\infty}v_n$

分别收敛到 u,v , 则称 $\sum\limits_{n=1}^{\infty}(u_n+\mathrm{i}v_n)$ 收敛到 $u+\mathrm{i}v$, 记为 $\sum\limits_{n=1}^{\infty}(u_n+\mathrm{i}v_n)=u+\mathrm{i}v.$ 如果

$\sum\limits_{n=1}^{\infty}(u_n+\mathrm{i}v_n)$ 的各项的模所构成的级数 $\sum\limits_{n=1}^{\infty}\sqrt{u_n^2+v_n^2}$ 收敛, 则称级数 $\sum\limits_{n=1}^{\infty}(u_n+\mathrm{i}v_n)$ 绝

对收敛.

对于复数项级数

$$\sum_{n=0}^{\infty}\frac{1}{n!}z^n=1+z+\frac{1}{2!}z^2+\cdots+\frac{1}{n!}z^n+\cdots \quad (z=x+\mathrm{i}y, x,y\in\mathbf{R}^1),$$

可以证明此级数在复平面上是绝对收敛的, 在 x 轴上它表示指数函数 e^x. 在复平面上用它来定义复变量指数函数 e^z, 即

$$\mathrm{e}^z=\sum_{n=0}^{\infty}\frac{1}{n!}z^n=1+z+\frac{1}{2!}z^2+\cdots+\frac{1}{n!}z^n+\cdots \quad (z=x+\mathrm{i}y, x,y\in\mathbf{R}^1).$$

当 $x=0$ 时, $z=\mathrm{i}y$, 于是

$$\begin{aligned}
\mathrm{e}^{\mathrm{i}y} &= 1+\mathrm{i}y+\frac{1}{2!}(\mathrm{i}y)^2+\cdots+\frac{1}{n!}(\mathrm{i}y)^n+\cdots \\
&= 1+\mathrm{i}y-\frac{1}{2!}y^2-\mathrm{i}\frac{1}{3!}y^3+\frac{1}{4!}y^4+\mathrm{i}\frac{1}{5!}y^5-\cdots \\
&= \left(1-\frac{1}{2!}y^2+\frac{1}{4!}y^4-\cdots\right)+\mathrm{i}\left(y-\frac{1}{3!}y^3+\frac{1}{5!}y^5-\cdots\right) \\
&= \cos y+\mathrm{i}\sin y,
\end{aligned}$$

得欧拉公式

$$\mathrm{e}^{\mathrm{i}x}=\cos x+\mathrm{i}\sin x.$$

习　题　12.5

1. 利用幂级数计算下列各数的值, 使其误差不超过 10^{-4}:

(1) e;　　　　　　　　　　　　　　(2) $\displaystyle\int_0^1 \mathrm{e}^{-x^2}\mathrm{d}x$;

(3) $\displaystyle\int_0^1 \cos\sqrt{x}\,\mathrm{d}x$.

2. 利用欧拉公式将函数 $\mathrm{e}^x\cos x$ 展开为幂级数.

3. 求方程 $y''-4y'-4y=0$ 的满足初始条件 $y(0)=0, y'(0)=1$ 的解.

第六节　傅里叶级数

在闭区间 $[-R,R]$ 上收敛的幂级数 $\sum_{n=0}^{\infty} a_n x^n$ 的和函数 $s(x)$ 具有良好的性质, 特别是其具有任意阶导数. 这也意味着很多在 $[-R,R]$ 上有定义的函数 $f(x)$ (即使是可微的函数)也不能被展开为幂级数. 记 I 上具有任意阶导数的函数全体为 $C^{(\infty)}(I)$, 则 $C^{(\infty)}(I)$ 是线性空间 $C(I)$ 的一个子空间. 那么 $C^{(\infty)}[-R,R]$ 中的函数可以被展开为幂级数吗? 答案也是否定的, 因为只有在 $f(x) \in C^{(\infty)}[-R,R]$ 且其拉格朗日型余项 $\dfrac{f^{(n+1)}(\xi)}{(n+1)!}(x-x_0)^{n+1}$ 在 $[-R,R]$ 上每个点都以 0 为极限时, $f(x)$ 在 $[-R,R]$ 上才能被展开为幂级数, 记这样的函数全体为 $C_0^{(\infty)}[-R,R]$, $C_0^{(\infty)}[-R,R]$ 为 $C^{(\infty)}[-R,R]$ 的一个线性子空间. 在实际的科学研究和科研实践中很多函数并没有如 $C_0^{(\infty)}[-R,R]$ 中的函数这么好的性质, 甚至连连续性都没有, 也就是说这些函数是没有可能展开成幂级数的. 但在很多情况下确实需要将这样的函数展开为一个函数项级数, 那么如何选取函数列 $\{u_n(x)\}$, 可以将性质不太好的函数 $f(x)$ 展开为级数 $\sum_{n=1}^{\infty} a_n u_n(x)$ 呢? 本节将研究这样的一种级数, 即傅里叶级数.

一、希尔伯特空间 H 中的傅里叶级数

定义 6.1　若 $\{e_n\}$ 是希尔伯特空间 H 中的标准正交列, $\{a_n\}$ 为实数列, 则称级数 $\sum_{n=1}^{\infty} a_n e_n$ 为一个**傅里叶(Fourier)级数**, 称 $a_n (n=1,2,\cdots)$ 为**傅里叶系数**.

定理 6.1　傅里叶级数 $\sum_{n=1}^{\infty} a_n e_n$ 收敛的充要条件是 $\{a_n\} \in l^2$, 即 $\sum_{n=1}^{\infty} a_n^2 < +\infty$.

证明　记 $s_n = a_1 e_1 + a_2 e_2 + \cdots + a_n e_n$, $t_n = a_1^2 + a_2^2 + \cdots + a_n^2$, 由广义勾股定理有

$$\begin{aligned}
\| s_{n+p} - s_n \|^2 &= \| a_{n+1} e_{n+1} + a_{n+2} e_{n+2} + \cdots + a_{n+p} e_{n+p} \|^2 \\
&= \| a_{n+1} e_{n+1} \|^2 + \| a_{n+2} e_{n+2} \|^2 + \cdots + \| a_{n+p} e_{n+p} \|^2 \\
&= a_{n+1}^2 + a_{n+2}^2 + \cdots + a_{n+p}^2 = \| t_{n+p} - t_n \|,
\end{aligned}$$

即 $\{s_n\}$ 为 H 中的柯西列的充要条件是 $t_n = a_1^2 + a_2^2 + \cdots + a_n^2$ 为实数柯西列, 即 $\{a_n\} \in l^2$.

对于任意无穷维的希尔伯特空间 H, 由格拉姆-施密特正交化过程知在 H 中

一定存在标准正交列 $\{e_n\}$. 记 $H_1 = \left\{ x \,\middle|\, x = \sum_{n=1}^{\infty} a_n e_n, \{a_n\} \in l^2 \right\}$，则 H_1 为 H 的一个子空间.

定理 6.2　设 $\{e_n\}$ 是无穷维希尔伯特空间 H 中的标准正交列，记 $H_1 = \left\{ x \,\middle|\, x = \sum_{n=1}^{\infty} a_n e_n, \{a_n\} \in l^2 \right\}$，则对 $\forall x \in H_1$，有

$$a_n = (x, e_n), \quad \|x\|_H = \|\{a_n\}\|_{l^2}.$$

证明　当自然数 $p < n$ 时有

$$\left(x - \sum_{k=1}^{n} a_k e_k, e_p \right) = (x, e_p) - a_p.$$

由柯西不等式得

$$\left| (x, e_p) - a_p \right| \leqslant \left\| x - \sum_{k=1}^{n} a_k e_k \right\|.$$

上式右端令 $n \to \infty$ 得

$$\left| (x, e_p) - a_p \right| \leqslant \left\| x - \sum_{k=1}^{\infty} a_k e_k \right\| = \| x - x \| = 0,$$

所以 $a_n = (x, e_n)$.

由广义勾股定理有

$$\sum_{k=1}^{n} a_k^2 = \left\| \sum_{k=1}^{n} a_k e_k \right\|^2.$$

令 $n \to \infty$ 得

$$\sum_{k=1}^{\infty} a_k^2 = \left\| \sum_{k=1}^{\infty} a_k e_k \right\|^2,$$

即 $\| x \|_H = \| \{a_n\} \|_{l^2}$.

定理 6.3　设 $\{e_n\}$ 是无穷维希尔伯特空间 H 中的标准正交列，记 $H_1 = \left\{ x \,\middle|\, x = \sum_{n=1}^{\infty} a_n e_n, \{a_n\} \in l^2 \right\}$，则对 $\forall x, y \in H_1$，$x = a_n e_n$，$y = b_n e_n$，有

$$(x, y)_H = (\{a_n\}, \{b_n\})_{l^2}.$$

证明　由定理 6.2 得

$$(x - y, x - y)_H = (\{a_n\} - \{b_n\}, \{a_n\} - \{b_n\})_{l^2},$$

即

$$\| x \|_H^2 + \| y \|_H^2 - 2(x,y)_H = \| \{a_n\} \|_{l^2}^2 + \| \{b_n\} \|_{l^2}^2 - 2(\{a_n\},\{b_n\})_{l^2},$$

故有

$$(x,y)_H = (\{a_n\},\{b_n\})_{l^2}.$$

可以看出, 希尔伯特空间 H 中的子空间 $H_1 = \left\{ x \middle| x = \sum_{n=1}^{\infty} a_n e_n, \{a_n\} \in l^2 \right\}$ 与希尔伯特空间 l^2 具有一一对应的关系, 且两个对应的向量之间有相同的内积. 由于内积空间诸如"范数""向量之间的夹角""向量之间的距离"等概念都可由内积来直接或间接定义, 所以称 H_1 与 l^2 是"内积同构"的. 由于 H_1 与 l^2 是**内积同构**的, 所以 H_1 是完备的, 也是希尔伯特空间.

二、希尔伯特空间 H 中的标准正交基

定义 6.2　若在希尔伯特空间 H 中存在标准正交列 $\{e_n\}$, 使得对 $\forall x \in H$ 都有

$$x = \sum_{n=1}^{\infty} a_n e_n \quad (\{a_n\} \in l^2),$$

则称 $\{e_n\}$ 为 H 中的标准正交基.

由定理 6.1—定理 6.3 知在希尔伯特空间 H 中存在一个子空间 H_1 有标准正交基. 问题是, 希尔伯特空间本身在什么条件下存在标准正交基呢?

定义 6.3　设 A, B 是线性赋范空间中的子集, 若 $\overline{A} \supset B$, 则称 A 在 B 中**稠密**.

定义 6.4　若集合 A 可与自然数集建立一一对应, 则称 A 是**可数的**.

定义 6.5　若线性赋范空间 X 中存在可数子集 $\{x_n\}$ 在 X 中稠密, 则称 X 是**可分的**.

定义 6.6　设 A 是内积空间 X 中的子集, 若只有零向量 θ 能与 A 中的所有向量垂直, 则称 A 是**完全集**.

定理 6.4　若 A 在内积空间 X 中稠密, 则 A 是完全集.

证明　设 x_0 与 A 中的任一向量 x 都垂直, 即

$$(x_0, x) = 0, \quad \forall x \in A, \tag{6.1}$$

因为 A 在 X 中稠密, 所以必有 A 中的点列 $\{x_n\}$, $\lim_{n \to \infty} x_n = x_0$. 由(6.1)得

$$(x_0, x_n) = 0, \tag{6.2}$$

而

$$\| x_0 \|^2 = |(x_0, x_0)| = |(x_0, x_0) - (x_0, x_n)| = |(x_0, x_0 - x_n)| \leqslant \| x_0 \| \| x_0 - x_n \|.$$

由于 $\lim_{n \to \infty} \| x_0 - x_n \| = 0$, 所以 $\| x_0 \|^2 = 0$, 故 $x_0 = \theta$, 即 A 为完全集.

定理 6.5　内积空间 X 的点列 $\{x_n\}$ 若是 X 中的完全集, 则 $\{x_n\}$ 通过格拉姆-

施密特正交化过程得到的标准正交点列 $\{e_n\}$ 在 X 中也是完全的.

定理 6.5 的证明由读者自己完成.

定理 6.6　可分的希尔伯特空间 H 中一定有标准正交基, 即存在 H 中的标准正交列 $\{e_n\}$, 使得

$$x = \sum_{n=1}^{\infty} a_n e_n, \quad a_n = (x, e_n), \quad \|x\|_H = \|\{a_n\}\|_{l^2}, \quad \forall x \in H.$$

证明　由于 H 是可分的, 有点列 $\{x_n\}$ 在 H 中稠密, 由定理 6.4, $\{x_n\}$ 是 H 中的完全集. 由定理 6.5, $\{x_n\}$ 通过格拉姆-施密特正交化过程得到标准正交点列 $\{e_n\}$ 在 H 中也是完全的. 下面证明 $\{e_n\}$ 是 H 中的标准正交基.

记 $y_n = x - \sum_{k=1}^{n}(x, e_k)e_k$, 则 $x = y_n + \sum_{k=1}^{n}(x, e_k)e_k$, 而

$$\left(y_n, \sum_{k=1}^{n}(x, e_k)e_k\right) = \left(x - \sum_{k=1}^{n}(x, e_k)e_k, \sum_{k=1}^{n}(x, e_k)e_k\right) = 0,$$

所以 y_n 与 $\sum_{k=1}^{n}(x, e_k)e_k$ 垂直, 由广义勾股定理有

$$\|x\|^2 = \|y_n\|^2 + \sum_{k=1}^{n}|(x, e_k)|^2 \geqslant \sum_{k=1}^{n}|(x, e_k)|^2,$$

上式右端令 $n \to \infty$ 得 $\sum_{k=1}^{\infty}|(x, e_k)|^2 \leqslant \|x\|^2$, 即 $\{(x, e_k)\} \in l^2$, 由定理 6.1 知 $\sum_{n=1}^{\infty}(x, e_n)e_n$ 收敛, 记为 $y = \sum_{n=1}^{\infty}(x, e_n)e_n$. 由定理 6.2 知

$$(y, e_n) = (x, e_n), \quad \|y\|_H = \|(y, e_n)\|_{l^2},$$

即 $(y - x, e_n) = 0$, 由于 $\{e_n\}$ 在 H 中是完全的, 所以 $y = x$, 故

$$x = \sum_{n=1}^{\infty} a_n e_n, \quad a_n = (x, e_n), \quad \|x\|_H = \|\{a_n\}\|_{l^2}, \quad \forall x \in H.$$

由定理 6.6 知任何可分的希尔伯特空间与 l^2 都是内积同构的.

三、希尔伯特空间 $L^2[-\pi, \pi]$ 中的标准正交基: 三角函数系

对于 $L^2[-\pi, \pi]$ 的点列(三角函数系)

$$1, \cos x, \sin x, \cos 2x, \sin 2x, \cdots, \cos nx, \sin nx, \cdots, \tag{6.3}$$

由于

$$(1, \cos nx) = \int_{-\pi}^{\pi} \cos nx \, dx = 0 \quad (n = 1, 2, \cdots),$$

$$(1, \sin nx) = \int_{-\pi}^{\pi} \sin nx \mathrm{d}x = 0 \quad (n=1,2,\cdots),$$

$$(\cos mx, \sin nx) = \int_{-\pi}^{\pi} \cos mx \sin nx \mathrm{d}x = 0 \quad (m,n=1,2,\cdots),$$

$$(\sin mx, \sin nx) = \int_{-\pi}^{\pi} \sin mx \sin nx \mathrm{d}x = 0 \quad (m,n=1,2,\cdots, m \neq n),$$

$$(\cos mx, \cos nx) = \int_{-\pi}^{\pi} \cos mx \cos nx \mathrm{d}x = 0 \quad (m,n=1,2,\cdots, m \neq n),$$

所以三角函数系(6.3)是希尔伯特空间 $L^2[-\pi,\pi]$ 中的正交列.

定理 6.7　三角函数系(6.3)在 $L^2[-\pi,\pi]$ 中是完全的.

证明　先证明(6.3)在 $L^2[-\pi,\pi]$ 的子集 $C[-\pi,\pi]$ 中是完全的. 设 $f(x) \in C[-\pi,\pi]$ 且

$$\begin{cases} (f(x), \sin nx) = \int_{-\pi}^{\pi} f(x) \sin nx \mathrm{d}x = 0 \quad (n=1,2,\cdots), \\ (f(x), \cos nx) = \int_{-\pi}^{\pi} f(x) \cos nx \mathrm{d}x = 0 \quad (n=0,1,2,\cdots). \end{cases} \tag{6.4}$$

若 $f(x) \neq 0$, 则必有 $x_0 \in (-\pi,\pi)$, 使得 $f(x_0) > 0$ 或 $f(x_0) < 0$, 不妨设 $f(x_0) > 0$, 那么存在 $\delta > 0$, 在区间 $[x_0 - \delta, x_0 + \delta]$ 上有 $f(x) > \dfrac{f(x_0)}{2} = A$. 令 $T_n(x) = [1 + \cos(x - x_0) - \cos\delta]^n$, 则有

$$0 \leqslant |T_n(x)| \leqslant 1, \quad \forall x \in [-\pi, x_0 - \delta] \bigcup [x_0 + \delta, \pi], \tag{6.5}$$

$$T_n(x) \geqslant 1, \quad \forall x \in [x_0 - \delta, x_0 + \delta]. \tag{6.6}$$

由(6.4)—(6.6)得

$$\begin{aligned}
0 &= \int_{-\pi}^{\pi} f(x) T_n(x) \mathrm{d}x \\
&= \int_{-\pi}^{x_0-\delta} f(x) T_n(x) \mathrm{d}x + \int_{x_0-\delta}^{x_0+\delta} f(x) T_n(x) \mathrm{d}x + \int_{x_0+\delta}^{\pi} f(x) T_n(x) \mathrm{d}x \\
&\geqslant \int_{x_0-\delta}^{x_0+\delta} f(x) T_n(x) \mathrm{d}x - \int_{-\pi}^{x_0-\delta} |f(x)| \mathrm{d}x + \int_{x_0+\delta}^{\pi} |f(x)| \mathrm{d}x \\
&\geqslant A \int_{x_0-\delta}^{x_0+\delta} T_n(x) \mathrm{d}x - \int_{-\pi}^{x_0-\delta} |f(x)| \mathrm{d}x - \int_{x_0+\delta}^{\pi} |f(x)| \mathrm{d}x \\
&\geqslant A \int_{x_0-\frac{\delta}{2}}^{x_0+\frac{\delta}{2}} T_n(x) \mathrm{d}x - \int_{-\pi}^{x_0-\delta} |f(x)| \mathrm{d}x - \int_{x_0+\delta}^{\pi} |f(x)| \mathrm{d}x \\
&\geqslant A \left(1 + \cos\frac{\delta}{2} - \cos\delta\right)^n - \int_{-\pi}^{x_0-\delta} |f(x)| \mathrm{d}x - \int_{x_0+\delta}^{\pi} |f(x)| \mathrm{d}x.
\end{aligned}$$

而

$$\lim_{n\to\infty}\left[A\left(1+\cos\frac{\delta}{2}-\cos\delta\right)^n-\int_{-\pi}^{x_0-\delta}|f(x)|\,\mathrm{d}x-\int_{x_0+\delta}^{\pi}|f(x)|\,\mathrm{d}x\right]=+\infty,$$

所以 $0\geqslant+\infty$，矛盾，故 $f(x)=0(\forall x\in[-\pi,\pi])$，即三角函数系(6.3)在 $L^2[-\pi,\pi]$ 的子集 $C[-\pi,\pi]$ 中是完全的. 由于 $C[-\pi,\pi]$ 在 $L^2[-\pi,\pi]$ 中稠密, 所以三角函数系(6.3)在 $L^2[-\pi,\pi]$ 中也是完全的.

因为

$$(1,1)=\int_{-\pi}^{\pi}1^2\,\mathrm{d}x=2\pi,$$

$$(\cos nx,\cos nx)=\int_{-\pi}^{\pi}\cos^2 nx\mathrm{d}x=\pi\quad(n=1,2,\cdots),$$

$$(\sin nx,\sin nx)=\int_{-\pi}^{\pi}\sin^2 nx\mathrm{d}x=\pi\quad(n=1,2,\cdots),$$

由定理 6.5—定理 6.7 知 $L^2[-\pi,\pi]$ 中的点列

$$\frac{1}{\sqrt{2\pi}},\frac{1}{\sqrt{\pi}}\cos x,\frac{1}{\sqrt{\pi}}\sin x,\frac{1}{\sqrt{\pi}}\cos 2x,\frac{1}{\sqrt{\pi}}\sin 2x,\cdots,\frac{1}{\sqrt{\pi}}\cos nx,\frac{1}{\sqrt{\pi}}\sin nx,\cdots\quad(6.7)$$

为 $L^2[-\pi,\pi]$ 中的标准正交基, 即对于 $L^2[-\pi,\pi]$ 中的任一向量(函数) $f(x)$ 都可以展开为

$$\frac{u_0}{\sqrt{2\pi}}+\frac{u_1}{\sqrt{\pi}}\cos x+\frac{v_1}{\sqrt{\pi}}\sin x+\frac{u_2}{\sqrt{\pi}}\cos 2x+\frac{v_2}{\sqrt{\pi}}\sin 2x+\cdots+\frac{u_n}{\sqrt{\pi}}\cos nx+\frac{v_n}{\sqrt{\pi}}\sin nx+\cdots,$$

$$(6.8)$$

其中傅里叶系数

$$u_0=\left(f(x),\frac{1}{\sqrt{2\pi}}\right)=\frac{1}{\sqrt{2\pi}}\int_{-\pi}^{\pi}f(x)\mathrm{d}x,$$

$$u_n=\left(f(x),\frac{1}{\sqrt{\pi}}\cos nx\right)=\frac{1}{\sqrt{\pi}}\int_{-\pi}^{\pi}f(x)\cos nx\mathrm{d}x,$$

$$v_n=\left(f(x),\frac{1}{\sqrt{\pi}}\sin nx\right)=\frac{1}{\sqrt{\pi}}\int_{-\pi}^{\pi}f(x)\sin nx\mathrm{d}x.$$

(6.8)可以写为

$$\frac{u_0}{\sqrt{2\pi}}+\sum_{n=1}^{\infty}\left(\frac{u_n}{\sqrt{\pi}}\cos nx+\frac{v_n}{\sqrt{\pi}}\sin nx\right).\quad(6.9)$$

记 $a_0=\frac{2u_0}{\sqrt{2\pi}},a_n=\frac{u_n}{\sqrt{\pi}},b_n=\frac{v_n}{\sqrt{\pi}}$, 则(6.9)变为

$$\frac{a_0}{2} + \sum_{n=1}^{\infty}(a_n\cos nx + b_n\sin nx) \tag{6.10}$$

且

$$a_0 = \frac{1}{\pi}\int_{-\pi}^{\pi}f(x)\mathrm{d}x, \quad a_n = \frac{1}{\pi}\int_{-\pi}^{\pi}f(x)\cos nx\mathrm{d}x, \quad b_n = \frac{1}{\pi}\int_{-\pi}^{\pi}f(x)\sin nx\mathrm{d}x \quad (n=1,2,\cdots),$$

$$\tag{6.11}$$

$a_0, a_n, b_n (n=1,2,\cdots)$ 称为函数 $f(x)$ 的**傅里叶系数**.

由定理 6.6 知, 傅里叶级数(6.10)是按希尔伯特空间 $L^2[-\pi,\pi]$ 中的范数收敛到 $f(x)$ 的, 即记

$$s_n(x) = \frac{a_0}{2} + \sum_{k=1}^{n}(a_n\cos kx + b_n\sin kx)$$

时, 有

$$s_n(x) = \frac{a_0}{2} + \sum_{n=1}^{\infty}(a_n\cos nx + b_n\sin nx), \tag{6.12}$$

将傅里叶级数(6.10)的这种收敛称为几乎处处收敛, 记为

$$f(x)\overset{\text{a.e.}}{=\!=}\frac{a_0}{2} + \sum_{n=1}^{\infty}(a_n\cos nx + b_n\sin nx).$$

但(6.12)成立并不意味着对每个 $x\in[-\pi,\pi]$ 都有实数列 $\{s_n(x)\}$ 收敛到 $f(x)$, 即 (6.10)作为一个函数项级数并不能保证在 $[-\pi,\pi]$ 上的每个点都是逐点收敛到 $f(x)$ 的. 那么, (6.10)作为一个函数在哪些点处是逐点收敛到 $f(x)$ 的呢? 记 $s(x)$ 为 (6.10)在 $[-\pi,\pi]$ 上逐点收敛的和函数, 则有下面的收敛定理.

定理 6.8 (狄利克雷收敛定理) 设 $f(x)\in L^2[-\pi,\pi]$ 且最多有有限个第一类间断点, 则

$$s(x) = \begin{cases} f(x), & x\text{为}f\text{在}(-\pi,\pi)\text{上的连续点,} \\ \dfrac{f(x+0)+f(x-0)}{2}, & x\text{为}f\text{在}(-\pi,\pi)\text{上的间断点,} \\ \dfrac{f(-\pi+0)+f(\pi-0)}{2}, & x=-\pi,\pi. \end{cases}$$

例 6.1 设 $f(x) = \begin{cases} -1, & -\pi\leqslant x<0, \\ 1 & 0\leqslant x\leqslant\pi, \end{cases}$ 将 $f(x)$ 展开成傅里叶级数.

解 所给函数满足收敛定理 6.8 的条件, 它在点 $x=0$ 处不连续, 在其他点处连续. 由(6.11)计算傅里叶系数得

$$a_n = \frac{1}{\pi}\int_{-\pi}^{\pi}f(x)\cos nx\mathrm{d}x = \frac{1}{\pi}\int_{-\pi}^{0}(-1)\cos nx\mathrm{d}x + \frac{1}{\pi}\int_{0}^{\pi}1\cdot\cos nx\mathrm{d}x = 0 \quad (n=0,1,2,\cdots);$$

$$b_n = \frac{1}{\pi}\int_{-\pi}^{\pi} f(x)\sin nx\,dx = \frac{1}{\pi}\int_{-\pi}^{0}(-1)\sin nx\,dx + \frac{1}{\pi}\int_{0}^{\pi} 1\cdot\sin nx\,dx$$

$$= \frac{1}{\pi}\left[\frac{\cos nx}{n}\right]_{-\pi}^{0} + \frac{1}{\pi}\left[-\frac{\cos nx}{n}\right]_{0}^{\pi} = \frac{1}{n\pi}(1-\cos n\pi - \cos n\pi + 1)$$

$$= \frac{2}{n\pi}[1-(-1)^n] = \begin{cases} \dfrac{4}{n\pi}, & n=1,\,3,\,5,\cdots, \\ 0, & n=2,\,4,\,6,\cdots. \end{cases}$$

于是 $f(x)$ 的傅里叶级数

$$f(x) \stackrel{\text{a.e.}}{=} \frac{4}{\pi}\sum_{k=1}^{\infty}\frac{1}{2k-1}\sin(2k-1)x,$$

对于傅里叶级数 $\dfrac{4}{\pi}\sum_{k=1}^{\infty}\dfrac{1}{2k-1}\sin(2k-1)x$, 逐点收敛的和函数为

$$s(x) = \begin{cases} f(x), & -\pi<x<0, 0<x<\pi, \\ 0, & x=0,-\pi,\pi. \end{cases}$$

四、$L^2[-\pi,\pi]$ 中函数的傅里叶展开式与函数的周期延拓

可以看出, 傅里叶级数(6.10)是一个以 2π 为周期的周期函数, 所以对于 $L^2[-\pi,\pi]$ 中的函数可以通过将其展开为傅里叶级数得到一个在 $\mathbf{R}^1$ 的周期延拓 $s(x)$.

例6.2 设 $f(x) = \begin{cases} x, & -\pi\leqslant x<0, \\ 0, & 0\leqslant x\leqslant\pi, \end{cases}$ 将 $f(x)$ 展开成傅里叶级数, 并写出其傅里叶级数逐点收敛的和函数.

解 函数满足收敛定理的条件, 其傅里叶系数

$$a_0 = \frac{1}{\pi}\int_{-\pi}^{\pi} f(x)dx = \frac{1}{\pi}\int_{-\pi}^{0} x\,dx = -\frac{\pi}{2};$$

$$a_n = \frac{1}{\pi}\int_{-\pi}^{\pi} f(x)\cos nx\,dx = \frac{1}{\pi}\int_{-\pi}^{0} x\cos nx\,dx = \frac{1}{\pi}\left[\frac{x\sin nx}{n}+\frac{\cos nx}{n^2}\right]_{-\pi}^{0}$$

$$= \frac{1}{n^2\pi}(1-\cos n\pi) = \begin{cases} \dfrac{2}{n^2\pi}, & n=1,\,3,\,5,\cdots, \\ 0, & n=2,\,4,\,6,\cdots; \end{cases}$$

$$b_n = \frac{1}{\pi}\int_{-\pi}^{\pi} f(x)\sin nx\,dx = \frac{1}{\pi}\int_{-\pi}^{0} x\sin nx\,dx = \frac{1}{\pi}\left[-\frac{x\cos nx}{n}+\frac{\sin nx}{n^2}\right]_{-\pi}^{0}$$

$$= -\frac{\cos n\pi}{n} = \frac{(-1)^{n+1}}{n} \quad (n=1,2,\cdots).$$

$f(x)$ 的傅里叶级数展开式为

$$f(x) \stackrel{\text{a.e.}}{=} -\frac{\pi}{4} + \left(\frac{2}{\pi}\cos x + \sin x\right) - \frac{1}{2}\sin 2x + \left(\frac{2}{3^2\pi}\cos 3x + \frac{1}{3}\sin 3x\right)$$

$$-\frac{1}{4}\sin 4x + \left(\frac{2}{5^2\pi}\cos 5x + \frac{1}{5}\sin 5x\right) - \cdots.$$

傅里叶级数逐点收敛的和函数 $s(x)$ 在一个周期 $[-\pi, \pi]$ 内有

$$s(x) = \begin{cases} f(x), & -\pi < x < \pi, \\ \dfrac{\pi}{2}, & x = -\pi, \pi. \end{cases}$$

例 6.3　将函数 $f(x) = \begin{cases} -x, & -\pi \leqslant x < 0, \\ x, & 0 \leqslant x \leqslant \pi \end{cases}$，展开成傅里叶级数，写出其傅里叶级数逐点收敛的和函数 $s(x)$，并绘制 $s(x)$ 的图像.

解　所给函数在区间 $[-\pi, \pi]$ 上满足收敛定理的条件，且在 $[-\pi, \pi]$ 上每个点处都连续，由于函数为偶函数，所以傅里叶系数为

$$a_0 = \frac{1}{\pi}\int_{-\pi}^{\pi} f(x)\mathrm{d}x = \frac{1}{\pi}\int_{-\pi}^{0}(-x)\mathrm{d}x + \frac{1}{\pi}\int_{0}^{\pi} x\mathrm{d}x = \pi\,;$$

$$a_n = \frac{1}{\pi}\int_{-\pi}^{\pi} f(x)\cos nx\mathrm{d}x = \frac{2}{\pi}\int_{0}^{\pi} x\cos nx\mathrm{d}x$$

$$= \frac{2}{n^2\pi}(\cos n\pi - 1) = \begin{cases} -\dfrac{4}{n^2\pi}, & n = 1,\ 3,\ 5,\cdots, \\ 0, & n = 2,\ 4,\ 6,\cdots; \end{cases}$$

$$b_n = \frac{1}{\pi}\int_{-\pi}^{\pi} f(x)\sin nx\mathrm{d}x = 0 \quad (n = 1, 2, \cdots).$$

于是 $f(x)$ 的傅里叶级数展开式为

$$f(x) \stackrel{\text{a.e.}}{=} \frac{\pi}{2} - \frac{4}{\pi}\left(\cos x + \frac{1}{3^2}\cos 3x + \frac{1}{5^2}\cos 5x + \cdots\right).$$

傅里叶级数逐点收敛的和函数 $s(x)$ 在一个周期 $[-\pi, \pi]$ 内有 $s(x) = f(x)$. 图 12.1 为 $s(x)$ 的图像，绘制了图像的三个周期.

若函数 $f(x)$ 为 $[-\pi, \pi]$ 上的奇函数，则其傅里叶系数

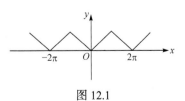

图 12.1

$$a_0 = \frac{1}{\pi}\int_{-\pi}^{\pi} f(x)\mathrm{d}x = 0,$$

$$\begin{cases} a_n = \dfrac{1}{\pi}\displaystyle\int_{-\pi}^{\pi} f(x)\cos nx\,\mathrm{d}x = 0, \\[2mm] b_n = \dfrac{1}{\pi}\displaystyle\int_{-\pi}^{\pi} f(x)\sin nx\,\mathrm{d}x = \dfrac{2}{\pi}\displaystyle\int_{0}^{\pi} f(x)\sin nx\,\mathrm{d}x \end{cases} \qquad (n=1,2,\cdots). \qquad (6.13)$$

因此，奇数函数的傅里叶级数是只含有正弦项的正弦级数 $\displaystyle\sum_{n=1}^{\infty} b_n \sin nx$.

若函数 $f(x)$ 为 $[-\pi,\pi]$ 上的偶函数，则其傅里叶系数

$$a_0 = \frac{1}{\pi}\int_{-\pi}^{\pi} f(x)\,\mathrm{d}x = \frac{2}{\pi}\int_{0}^{\pi} f(x)\,\mathrm{d}x ,$$

$$\begin{cases} a_n = \dfrac{1}{\pi}\displaystyle\int_{-\pi}^{\pi} f(x)\cos nx\,\mathrm{d}x = \dfrac{2}{\pi}\displaystyle\int_{0}^{\pi} f(x)\cos nx\,\mathrm{d}x, \\[2mm] b_n = \dfrac{1}{\pi}\displaystyle\int_{-\pi}^{\pi} f(x)\cos nx\,\mathrm{d}x = 0 \end{cases} \qquad (n=1,2,\cdots). \qquad (6.14)$$

因此，偶数函数的傅里叶级数是只含有余弦项的余弦级数 $\dfrac{a_0}{2} + \displaystyle\sum_{n=1}^{\infty} a_n \cos nx$.

例 6.4　将函数 $f(x) = x(-\pi \leqslant x \leqslant \pi)$ 展开成傅里叶级数.

解　函数为满足收敛定理条件的奇函数，所以其傅里叶级数为正弦级数 $\displaystyle\sum_{n=1}^{\infty} b_n \sin nx$，且

$$b_n = \frac{2}{\pi}\int_{0}^{\pi} f(x)\sin nx\,\mathrm{d}x = \frac{2}{\pi}\int_{0}^{\pi} x\sin nx\,\mathrm{d}x$$

$$= \frac{2}{\pi}\left[-\frac{x\cos nx}{n} + \frac{\sin nx}{n^2} \right]_{0}^{\pi} = -\frac{2}{n}\cos n\pi = \frac{2}{n}(-1)^{n-1} \quad (n=1,2,3,\cdots).$$

$f(x)$ 的傅里叶级数展开式为

$$f(x) = 2\sum_{n=1}^{\infty}(-1)^{n-1}\frac{1}{n}\sin nx \quad (-\pi < x < \pi),$$

在 $x = \pm\pi$ 处，级数 $2\displaystyle\sum_{n=1}^{\infty}(-1)^{n-1}\frac{1}{n}\sin nx$ 并不收敛到 $f(x)$.

五、$L^2[0,\pi]$ 中函数的傅里叶展开式与函数的周期延拓

对于 $L^2[0,\pi]$ 中的函数 $f(x)$，可分别将其延拓成 $[-\pi,\pi]$ 上的奇函数 $h(x)$ 和偶函数 $g(x)$：

$$h(x) = \begin{cases} f(x), & 0 < x \leqslant \pi, \\ 0, & x = 0, \\ -f(-x), & -\pi \leqslant x < 0, \end{cases} \qquad g(x) = \begin{cases} f(x), & 0 \leqslant x \leqslant \pi, \\ f(-x), & -\pi \leqslant x < 0. \end{cases}$$

则得 $h(x)$ 和 $g(x)$ 的傅里叶级数分别为

$$h(x)\overset{\text{a.e.}}{=\!=}\sum_{n=1}^{\infty}b_n\sin nx,\quad b_n=\frac{2}{l}\int_0^l f(x)\sin\frac{n\pi x}{l}\mathrm{d}x,\quad n=1,2,\cdots,\ x\in[-\pi,\pi],$$

$$g(x)\overset{\text{a.e.}}{=\!=}\frac{a_0}{2}+\sum_{n=1}^{\infty}a_n\cos\frac{n\pi x}{l},\quad a_0=\frac{2}{l}\int_0^l f(x)\mathrm{d}x,\quad a_n=\frac{2}{l}\int_0^l f(x)\cos\frac{n\pi x}{l}\mathrm{d}x,$$

$$n=1,2,\cdots,\ x\in[-\pi,\pi],$$

从而

$$f(x)\overset{\text{a.e.}}{=\!=}\sum_{n=1}^{\infty}b_n\sin\frac{n\pi x}{l},\quad b_n=\frac{2}{l}\int_0^l f(x)\sin\frac{n\pi x}{l}\mathrm{d}x,\quad n=1,2,\cdots,\ x\in[0,\pi],$$

$$f(x)\overset{\text{a.e.}}{=\!=}\frac{a_0}{2}+\sum_{n=1}^{\infty}a_n\cos\frac{n\pi x}{l},\quad a_0=\frac{2}{l}\int_0^l f(x)\mathrm{d}x,\quad a_n=\frac{2}{l}\int_0^l f(x)\cos\frac{n\pi x}{l}\mathrm{d}x,$$

$$n=1,2,\cdots,\ x\in[0,\pi].$$

若 $f(x)$ 只有有限个第一类间断点, 则

$$\sum_{n=1}^{\infty}b_n\sin nx=\begin{cases}f(x),& x\in(0,\pi)\text{且为}f\text{的连续点,}\\ \dfrac{f(x+0)+f(x-0)}{2},& x\in(0,\pi)\text{且为}f\text{的间断点,}\\ 0,& x=0,\pi;\end{cases}$$

$$\frac{a_0}{2}+\sum_{n=1}^{\infty}a_n\cos nx=\begin{cases}f(x),& x\in(0,\pi)\text{且为}f\text{的连续点,}\\ \dfrac{f(x+0)+f(x-0)}{2},& x\in(0,\pi)\text{且为}f\text{的间断点,}\\ f(0+0),& x=0,\\ f(\pi-0),& x=\pi.\end{cases}$$

$\sum_{n=1}^{\infty}b_n\sin nx$ 的和函数是以 2π 为周期的奇函数, $\frac{a_0}{2}+\sum_{n=1}^{\infty}a_n\cos nx$ 的和函数是以 2π 为周期的偶函数.

例 6.5 将函数 $f(x)=x+1(0\leqslant x\leqslant\pi)$ 分别展开成正弦级数和余弦级数.

解 先求函数的正弦级数, 有

$$b_n=\frac{2}{\pi}\int_0^\pi f(x)\sin nx\mathrm{d}x=\frac{2}{\pi}\int_0^\pi(x+1)\sin nx\mathrm{d}x=\frac{2}{\pi}\left[-\frac{x\cos nx}{n}+\frac{\sin nx}{n^2}-\frac{\cos nx}{n}\right]_0^\pi$$

$$=\frac{2}{n\pi}(1-\pi\cos n\pi-\cos n\pi)=\begin{cases}\dfrac{2}{\pi}\cdot\dfrac{\pi+2}{n},& n=1,3,5,\cdots,\\ -\dfrac{2}{n},& n=2,4,6,\cdots.\end{cases}$$

函数的正弦级数展开式为

$$\frac{2}{\pi}\left[(\pi+2)\sin x-\frac{\pi}{2}\sin 2x+\frac{1}{3}(\pi+2)\sin 3x-\frac{\pi}{4}\sin 4x+\cdots\right]=\begin{cases}1+x,&0<x<\pi,\\0,&x=0,\pi.\end{cases}$$

再求余弦级数, 有

$$a_n=\frac{2}{\pi}\int_0^\pi f(x)\cos nx\mathrm{d}x=\frac{2}{\pi}\int_0^\pi(x+1)\cos nx\mathrm{d}x=\frac{2}{\pi}\left[\frac{x\sin nx}{n}+\frac{\cos nx}{n^2}-\frac{\sin nx}{n}\right]_0^\pi$$

$$=\frac{2}{n^2\pi}(\cos n\pi-1)=\begin{cases}0,&n=2,4,6,\cdots,\\-\dfrac{4}{n^2\pi},&n=1,3,5,\cdots,\end{cases}$$

$$a_0=\frac{2}{\pi}\int_0^\pi(x+1)\mathrm{d}x=\frac{2}{\pi}\left[\frac{x^2}{2}+x\right]_0^\pi=\pi+2,$$

得函数的余弦级数展开式

$$x+1=\frac{\pi}{2}+1-\frac{4}{\pi}\left(\cos x+\frac{1}{3^2}\cos 3x+\frac{1}{5^2}\cos 5x+\cdots\right)\quad(0\leqslant x\leqslant\pi).$$

六、$L^2[-l,l]$ 与 $L^2[0,l]$ 中函数的傅里叶展开式与函数的周期延拓

对于 $L^2[-l,l]$ 中的函数 f, 令 $x=\frac{l}{\pi}t$ 得 $f(x)=f\left(\frac{l}{\pi}t\right)=F(t)$, 且 $F(t)\in L^2[-\pi,\pi]$, 这样就有

$$F(t)\overset{\text{a.e.}}{=}\frac{a_0}{2}+\sum_{n=1}^\infty(a_n\cos nt+b_n\sin nt),$$

其中

$$a_n=\frac{1}{\pi}\int_{-\pi}^\pi F(t)\cos nt\mathrm{d}t\quad(n=0,1,2,\cdots),\quad b_n=\frac{1}{\pi}\int_{-\pi}^\pi F(t)\sin nt\mathrm{d}t\quad(n=1,2,\cdots).$$

容易得到

$$a_n=\frac{1}{l}\int_{-l}^l f(x)\cos\frac{n\pi x}{l}\mathrm{d}x\quad(n=0,1,2,\cdots),$$

$$b_n=\frac{1}{l}\int_{-l}^l f(x)\sin\frac{n\pi x}{l}\mathrm{d}x\quad(n=0,1,2,\cdots),$$

$$f(x)=F(t)\overset{\text{a.e.}}{=}\frac{a_0}{2}+\sum_{n=1}^\infty(a_n\cos nt+b_n\sin nt)=\frac{a_0}{2}+\sum_{n=1}^\infty\left(a_n\cos\frac{n\pi x}{l}+b_n\sin\frac{n\pi x}{l}\right).$$

若 f 在 $[-l,l]$ 上最多有有限个第一类间断点, 则

$$\frac{a_0}{2} + \sum_{n=1}^{\infty} \left(a_n \cos\frac{n\pi x}{l} + b_n \sin\frac{n\pi x}{l} \right)$$

$$= \begin{cases} f(x), & x\text{ 为 } f \text{ 在}(-1,1)\text{上的连续点}, \\ \dfrac{f(x+0)+f(x-0)}{2}, & x\text{ 为 } f \text{ 在}(-1,1)\text{上的间断点}, \\ \dfrac{f(-l+0)+f(l-0)}{2}, & x=-l,l. \end{cases}$$

当 f 为奇函数且最多有有限个第一类间断点时

$$f(x) \overset{\text{a.e.}}{=\!=} \sum_{n=1}^{\infty} b_n \sin\frac{n\pi x}{l} = \begin{cases} f(x), & x\in(0,l)\text{且为 } f \text{ 的连续点}, \\ \dfrac{f(x+0)+f(x-0)}{2}, & x\in(0,l)\text{且为 } f \text{ 的间断点}, \\ 0, & x=0,l, \end{cases}$$

其中 $b_n = \dfrac{2}{l}\displaystyle\int_0^l f(x)\sin\frac{n\pi x}{l}\mathrm{d}x\,(n=1,2,\cdots)$，且函数项级数 $\displaystyle\sum_{n=1}^{\infty} b_n\sin\frac{n\pi x}{l}$ 的和函数是一个以 $2l$ 为周期的奇函数.

当 f 为偶函数且最多有有限个第一类间断点时

$$f(x) \overset{\text{a.e.}}{=\!=} \frac{a_0}{2} + \sum_{n=1}^{\infty} a_n \cos\frac{n\pi x}{l} = \begin{cases} f(x), & x\in(0,l)\text{且为 } f \text{ 的连续点}, \\ \dfrac{f(x+0)+f(x-0)}{2}, & x\in(0,l)\text{且为 } f \text{ 的间断点}, \\ f(0+0), & x=0, \\ f(l-0), & x=l, \end{cases}$$

其中 $a_n = \dfrac{2}{l}\displaystyle\int_0^l f(x)\cos\frac{n\pi x}{l}\mathrm{d}x\,(n=1,2,\cdots)$，且函数项级数 $\dfrac{a_0}{2} + \displaystyle\sum_{n=1}^{\infty} a_n\cos\frac{n\pi x}{l}$ 的和函数是一个以 $2l$ 为周期的偶函数.

例 6.6 设 $f(x) = \begin{cases} 0, & -2 \leqslant x < 0, \\ k, & 0 \leqslant x \leqslant 2, \end{cases}$ 将 f 展开成傅里叶级数.

解 $l=2$，函数的傅里叶系数为

$$a_n = \frac{1}{2}\int_0^2 k\cos\frac{n\pi x}{2}\mathrm{d}x = \left[\frac{k}{n\pi}\sin\frac{n\pi x}{2}\right]_0^2 = 0 \quad (n\neq 0);$$

$$a_0 = \frac{1}{2}\int_{-2}^0 0\mathrm{d}x + \frac{1}{2}\int_0^2 k\mathrm{d}x = k;$$

$$b_n = \frac{1}{2}\int_0^2 k\sin\frac{n\pi x}{2}\mathrm{d}x = \left[-\frac{k}{n\pi}\cos\frac{n\pi x}{2}\right]_0^2 = \frac{k}{n\pi}(1-\cos n\pi) = \begin{cases} \dfrac{2k}{n\pi}, & n=1,\,3,\,5,\cdots, \\ 0, & n=2,\,4,\,6,\cdots. \end{cases}$$

于是

$$f(x) \overset{\text{a.e.}}{=\!=} \frac{k}{2} + \frac{2k}{\pi} \sum_{n=1}^{\infty} \frac{1}{2n-1} \sin \frac{(2n-1)\pi x}{2}.$$

在一个周期 $[-2, 2]$ 内, 有

$$s(x) \overset{\text{a.e.}}{=\!=} \frac{k}{2} + \frac{2k}{\pi} \sum_{n=1}^{\infty} \frac{1}{2n-1} \sin \frac{(2n-1)\pi x}{2} = \begin{cases} f(x), & x \in (-2, 0) \bigcup (0, 2), \\ \dfrac{k}{2}, & x = -2, 0, 2. \end{cases}$$

对于希尔伯特空间 $L^2[0, l]$ 中的函数 $f(x)$, 可分别将 $f(x)$ 延拓成 $[-l, l]$ 上的奇函数 $h(x)$ 和偶函数 $g(x)$:

$$h(x) = \begin{cases} f(x), & 0 < x \leqslant l, \\ 0, & x = 0, \\ -f(-x), & -l \leqslant x < 0, \end{cases} \qquad g(x) = \begin{cases} f(x), & 0 < x \leqslant l, \\ f(-x), & -l \leqslant x < 0. \end{cases}$$

则得 $h(x)$ 和 $g(x)$ 的傅里叶级数分别为

$$h(x) \overset{\text{a.e.}}{=\!=} \sum_{n=1}^{\infty} b_n \sin nx, \quad b_n = \frac{2}{l} \int_0^l f(x) \sin \frac{n\pi x}{l} \mathrm{d}x, \quad n = 1, 2, \cdots, \ x \in [-l, l],$$

$$g(x) \overset{\text{a.e.}}{=\!=} \frac{a_0}{2} + \sum_{n=1}^{\infty} a_n \cos \frac{n\pi x}{l}, \quad a_0 = \frac{2}{l} \int_0^l f(x) \mathrm{d}x, \quad a_n = \frac{2}{l} \int_0^l f(x) \cos \frac{n\pi x}{l} \mathrm{d}x,$$

$$n = 1, 2, \cdots, \ x \in [-l, l],$$

从而

$$f(x) \overset{\text{a.e.}}{=\!=} \sum_{n=1}^{\infty} b_n \sin \frac{n\pi x}{l}, \quad b_n = \frac{2}{l} \int_0^l f(x) \sin \frac{n\pi x}{l} \mathrm{d}x, \quad n = 1, 2, \cdots, \ x \in [0, l],$$

$$f(x) \overset{\text{a.e.}}{=\!=} \frac{a_0}{2} + \sum_{n=1}^{\infty} a_n \cos \frac{n\pi x}{l}, \quad a_0 = \frac{2}{l} \int_0^l f(x) \mathrm{d}x, \quad a_n = \frac{2}{l} \int_0^l f(x) \cos \frac{n\pi x}{l} \mathrm{d}x,$$

$$n = 1, 2, \cdots, \ x \in [0, l].$$

若 $f(x)$ 只有有限个第一类间断点, 则

$$\sum_{n=1}^{\infty} b_n \sin \frac{n\pi x}{l} = \begin{cases} f(x), & x \in (0, l) \text{ 且为 } f \text{ 的连续点}, \\ \dfrac{f(x+0) + f(x-0)}{2}, & x \in (0, l) \text{ 且为 } f \text{ 的间断点}, \\ 0, & x = 0, l; \end{cases}$$

$$\frac{a_0}{2} + \sum_{n=1}^{\infty} a_n \cos \frac{n\pi x}{l} = \begin{cases} f(x), & x \in (0, l) \text{ 且为 } f \text{ 的连续点}, \\ \dfrac{f(x+0) + f(x-0)}{2}, & x \in (0, l) \text{ 且为 } f \text{ 的间断点}, \\ f(0+0), & x = 0, \\ f(l-0), & x = l. \end{cases}$$

$\sum\limits_{n=1}^{\infty} b_n \sin\dfrac{n\pi x}{l}$ 的和函数是以 $2l$ 为周期的奇函数，$\dfrac{a_0}{2}+\sum\limits_{n=1}^{\infty} a_n \cos\dfrac{n\pi x}{l}$ 的和函数是以 $2l$ 为周期的偶函数.

例 6.7　将函数 $f(x)=\begin{cases}\dfrac{px}{2}, & 0\leqslant x<\dfrac{l}{2}, \\[2mm] \dfrac{p(l-x)}{2}, & \dfrac{1}{2}\leqslant x\leqslant l\end{cases}$ 展开成正弦级数.

解　函数的正弦级数的傅里叶系数

$$b_n = \frac{2}{l}\int_0^l f(x)\sin\frac{n\pi x}{l}\mathrm{d}x = \frac{2}{l}\left[\int_0^{\frac{l}{2}}\frac{px}{2}\sin\frac{n\pi x}{l}\mathrm{d}x + \int_{\frac{l}{2}}^l \frac{p(l-x)}{2}\sin\frac{n\pi x}{l}\mathrm{d}x\right]$$

$$= \frac{2pl}{n^2\pi^2}\sin\frac{n\pi}{2}\, b_n = \frac{4p}{2l}\int_0^{\frac{l}{2}} x\sin\frac{n\pi x}{l}\mathrm{d}x = \frac{2pl}{n^2\pi^2}\sin\frac{n\pi}{2} \quad (n=1,2,\cdots),$$

所以

$$f(x)\stackrel{\text{a.e.}}{=\!=}\frac{2pl}{\pi^2}\sum_{n=1}^{\infty}\frac{(-1)^{n-1}}{(2n-1)^2}\sin\frac{(2n-1)\pi x}{l},$$

故

$$f(x)=\frac{2pl}{\pi^2}\sum_{n=1}^{\infty}\frac{(-1)^{n-1}}{(2n-1)^2}\sin\frac{(2n-1)\pi x}{l}, \quad x\in\left[0,\frac{1}{2}\right)\bigcup\left(\frac{1}{2},l\right].$$

七、傅里叶级数的应用

可以利用函数的傅里叶级数来求某些常数项级数的和.

例 6.8　将函数 $f(x)=\begin{cases}-1, & -\pi\leqslant x<0, \\ 1, & 0\leqslant x\leqslant\pi\end{cases}$ 展开为傅里叶级数，并求常数项级数 $\sum\limits_{n=1}^{\infty}\dfrac{1}{(2n-1)^2}$ 的和.

解　除开点 $x=0$，函数为奇函数，所以 $a_n=0$，而

$$b_n = \frac{2}{\pi}\int_0^{\pi} f(x)\sin nx\mathrm{d}x = \frac{2}{\pi}\int_0^{\pi}\sin nx\mathrm{d}x = \begin{cases}\dfrac{4}{n\pi}, & n=1,3,5,\cdots, \\[2mm] 0, & n=2,4,6,\cdots.\end{cases}$$

所以

$$f(x)\stackrel{\text{a.e.}}{=\!=}\frac{4}{\pi}\sum_{n=1}^{\infty}\frac{\sin(2n-1)x}{2n-1}=\begin{cases}f(x), & x\in(-\pi,0)\bigcup(0,\pi), \\ 0, & x=-\pi,0,\pi.\end{cases}$$

当 $x=\dfrac{\pi}{2}$ 时，$f\left(\dfrac{\pi}{2}\right)=\dfrac{\pi}{2}$ 代入上式，有 $\dfrac{\pi}{2}=\dfrac{4}{\pi}\sum\limits_{n=1}^{\infty}\dfrac{1}{(2n-1)^2}$，故 $\sum\limits_{n=1}^{\infty}\dfrac{1}{(2n-1)^2}=\dfrac{\pi^2}{8}$.

习 题 12.6

1. 写出函数 $f(x) = \dfrac{1}{2}(x + 2k\pi)$，$x \in [(2k-1)\pi, (2k+1)\pi]$，$k = 0, \pm 1, \pm 2, \cdots$ 的傅里叶级数，并讨论收敛情况.

2. 将下列函数在区间 $[-\pi, \pi]$ 上展开为傅里叶级数，并绘制其傅里叶级数的图像:

(1) $A(x) = \cos\dfrac{x}{2}(-\pi \leqslant x \leqslant \pi)$;　　　　　　　(2) $f(x) = 2x(-\pi \leqslant x \leqslant \pi)$.

3. 将函数 $f(x) = \begin{cases} 2x, & -3 \leqslant x \leqslant 0, \\ x, & 0 < x \leqslant 3 \end{cases}$ 展开成傅里叶级数，并绘制其傅里叶级数的图像.

4. 将函数 $f(x) = \begin{cases} x, & 0 \leqslant x \leqslant \dfrac{l}{2}, \\ l - x, & \dfrac{l}{2} < x \leqslant l \end{cases}$ 分别展开成正弦级数和余弦级数.

5. 设 $f(x)$ 是周期为 2π 的周期函数，它在 $[-\pi, \pi]$ 上的表达式为 $f(x) = \begin{cases} -\dfrac{\pi}{2}, & -\pi < x \leqslant -\dfrac{\pi}{2}, \\ x, & -\dfrac{\pi}{2} \leqslant x < \dfrac{\pi}{2}, \\ \dfrac{\pi}{2}, & \dfrac{\pi}{2} \leqslant x \leqslant \pi, \end{cases}$

将 $f(x)$ 展开成傅里叶级数.

6. 设函数 $f(x) = \begin{cases} x + \dfrac{\pi}{2}, & 0 < x < \dfrac{\pi}{2}, \\ 0, & \dfrac{\pi}{2} < x < \pi, \end{cases}$ 试分别将 $f(x)$ 展开成以 2π 为周期的正弦级数和余弦级数.

部分习题答案与提示

习 题 10.1

1. $\dfrac{4}{5}$.   2. $\dfrac{3}{4}$.   3. 7.   4. $a^2\pi$.

5. (1) $\dfrac{34}{3}$; (2) $\dfrac{32}{3}$.

6. (1) $\displaystyle\int_L\left[\dfrac{3}{5}P(x,y)+\dfrac{4}{5}Q(x,y)\right]\mathrm{d}L$;   (2) $\displaystyle\int_L\dfrac{P(x,y)+2xQ(x,y)}{\sqrt{1+4x^2}}\mathrm{d}L$;

   (3) $\displaystyle\int_L\left[\sqrt{2x-x^2}\,P(x,y)+(1-x)Q(x,y)\right]\mathrm{d}L$.

7. $\displaystyle\int_L\dfrac{P+2xQ+3yR}{\sqrt{1+4x^2+9y^2}}\mathrm{d}L$.

8. -2π.   9. $-a^2\pi$.   10. $\dfrac{4}{3}$.   11. $2\pi R^2$.

习 题 10.2

1. $\displaystyle\iint\limits_{\Sigma}R(x,y,z)\mathrm{d}x\wedge\mathrm{d}y=\pm\iint\limits_{D_{xy}}R(x,y,0)\mathrm{d}D$, 当积分曲面取在 Σ 的上侧时为正号, 取在下侧时

为负号.

2. $\dfrac{3}{2}\pi$.   3. $\dfrac{8}{3}\pi R^3(a+b+c)$.   4. $\displaystyle\iint\limits_{\Sigma}\left(\dfrac{3}{5}R+\dfrac{2}{5}Q+\dfrac{2\sqrt{3}}{5}R\right)\mathrm{d}\Sigma$.

5. $\dfrac{1}{8}$.   6. $\dfrac{4\pi}{abc}(b^2c^2+a^2c^2+a^2b^2)$.   7. 0.

习 题 10.3

1. $\mathrm{e}^{\pi a}\sin 2a-2\pi ma^2$.   2. $\lambda=3$, $-\dfrac{79}{5}$.   3. $\dfrac{1}{30}$.

4. $\dfrac{3}{8}\pi a^2$.   5. 236.   6. 0.   7. 12.

8. $u(x,y)=x^3y+4x^2y^2+12(y\mathrm{e}^y-\mathrm{e}^y)+12$.

9. $4e-1$.　　10. $\ln 2$.　　11. πab.　　12. $-\dfrac{7}{6}+\dfrac{1}{4}\sin 2$.

13. $\dfrac{3}{2}a^2$.　　14. $-\pi$.　　15. $f(x)=x(\sin x-x\cos x-1)$.　　16. $W=\dfrac{1}{\sqrt{2}}-\dfrac{1}{2\sqrt{5}}$.

17. (1)当 $R=\sqrt{2}$ 时，$I=0$; (2)当 $R=1$ 时，I 取最大值，$I(1)=\dfrac{3}{2}\pi$.

18. 4π.　　19. $\dfrac{26}{25}$.　　20. $\dfrac{\sqrt{2}}{2}\pi h^4$.

21. $a=-1,b=-1$, $u(x,y)=\dfrac{x-y}{x^2+y^2}+C$.

习　题　10.4

1. $-\sqrt{3}\pi a^2$.

2. 利用斯托克斯公式证明.

3. 12π.　　4. $\operatorname{rot}\boldsymbol{\alpha}=\boldsymbol{i}+\boldsymbol{j}$.　　5. $-\dfrac{9}{2}a^3$.　　6. $\dfrac{h^3}{3}$.

习　题　10.5

1. (1) $3a^4$;　　(2) -4π.

2. (1) $a^3\left(2-\dfrac{a^2}{6}\right)$;　　(2) $4\pi abc$.

3. $\operatorname{div}\boldsymbol{\alpha}=ye^{xy}-x\sin(xy)-2xz\sin(xz^2)$.

5. $\dfrac{\pi}{4}$.　　6. $\dfrac{\sqrt{3}}{15}$.　　7. -3π.　　8. $2\pi e^{\sqrt{2}}(\sqrt{2}-1)$.

习　题　11.1

4. 答: 数学建模的一般步骤包括模型准备、模型假设、模型构成、模型求解、模型分析、模型检验、模型应用.

5. $x(\infty)=\dfrac{a}{b}$.

6. $b=8-\dfrac{3\sqrt{10}}{10}$, $a=\dfrac{\sqrt{10}}{2}$, $b-a$ 的极大值为 $\dfrac{40-4\sqrt{10}}{5}$.

7. $-1080\ln\dfrac{1}{4}\approx 1500(\text{m}^3/\text{min})$.

习 题 11.2

1. 提示: 利用线性空间的性质证明.

2. 提示: 根据线性无关的定义证明, 注意线性表达式恒为零.

3. W 为二维子空间, $(1,0,0),(1,0,-1)$ 为一组基.

4. 提示: 条件的充分性显然, 利用反证法证明条件的必要性.

5. 提示: 利用柯西列的定义证明.

6. $\|\sin 2x\|=\sqrt{\pi}, \|\cos 5x\|=\sqrt{\pi}, \|x\|=\pi\sqrt{\dfrac{2}{3}\pi}$, $\|\sin 2x-\cos 5x\|=2\pi$.

8. 提示: 先证明线性赋范空间是开集.

9. 利用收敛点列极限的定义及反证法证明.

10. $\displaystyle\int_0^1 f(x)\mathrm{d}x=2$.

12. 提示: 利用柯西列的性质证明.

习 题 11.3

1. 提示: 验证 $(x,y)=\displaystyle\int_a^b x(t)y(t)\mathrm{d}t$ 满足内积的三个条件.

2. 提示: 验证 $\displaystyle\int_a^b |x(t)-y(t)|\mathrm{d}t+\int_a^b |x'(t)-y'(t)|\mathrm{d}t=0$ 满足内积的三个条件.

3. 内积空间 $X=C[-\pi,\pi]$ 上的向量 $x=\sin t, y=t$ 的范数及它们之间的夹角为 $\arccos\left(\dfrac{1}{\pi}\sqrt{\dfrac{3}{2}}\right)$.

4. 提示: 利用内积与范数的关系证明.

5. 提示: 利用内积与范数的关系证明.

6. 提示: 令 $G(\alpha_1,\alpha_2,\cdots,\alpha_n)=F^2(\alpha_1,\alpha_2,\cdots,\alpha_n)$, 再研究 $G(\alpha_1,\alpha_2,\cdots,\alpha_n)$ 的极值点.

7. 利用伯恩斯坦定理说明, 对于 $\forall \varepsilon>0$, $\|x\|<\varepsilon$.

习 题 11.4

1. 提示: 利用极限的定义证明.

2. 提示: 利用压缩映像及连续性的定义证明.

3. 提示: 利用线性算子连续的定义及线性性证明.

4. 提示: 先利用迭代公式得到解的近似解列, 求出解的幂级数解, 再求出幂级数的和函数,

得初值问题 $\begin{cases} \dfrac{\mathrm{d}y}{\mathrm{d}x} = xy, \\ y(0)=1 \end{cases}$ 的解为 $y = \mathrm{e}^{\frac{1}{2}x^2}$.

5. 提示: 利用线性赋范空间 $C[0,1]$ (sup 范数)的压缩映像原理证明.

6. 利用线性泛函的定义证明, 并利用 $\|F\|$ 的定义求 $\|F\|$.

7. 利用 $G(T)$ 的定义证明.

习　题　12.1

1. 秩为 4, $1, x^2, \sin^2 x, x^3$ 可为其张成的子空间的基.

2. 标准正交基 $e_1 = (1,0,0), e_2 = \left(0, \dfrac{\sqrt{2}}{2}, \dfrac{\sqrt{2}}{2}\right)$.

3. $\|1\| = \sqrt{2\pi}, \|x\| = \sqrt{\dfrac{2}{3}\pi^3}, \|\sin x\| = \sqrt{\pi}$.

4. $e_1 = \dfrac{1}{\sqrt{2\pi}}, e_2 = \dfrac{\sqrt{3}x}{\sqrt{2\pi}\pi}, e_3 = \dfrac{\sqrt{\pi}}{\sqrt{\pi^2-24}}\left(\sin x - \dfrac{6x}{\pi^2}\right)$.

习　题　12.2

1. (1) 收敛, 和为 $\dfrac{1}{3}$; (2) 收敛, 其和为 $\dfrac{1}{4}$; (3) 收敛, 其和为 $1-\sqrt{2}$; (4) 发散; (5) 收敛, 其和为 $\dfrac{1}{4}$; (6) 收敛, 其和为 $\dfrac{3}{4}$.

2. (1) 发散; (2) 收敛; (3) 发散; (4) 发散; (5) 收敛; (6) 收敛; (7) 收敛; (8) 收敛; (9) 收敛; (10) 收敛; (11) 当 $b<a$ 时, 级数收敛; 当 $b>a$ 时, 级数发散, 当 $b=a$ 时不定; (12) 当 $a\leqslant 1$ 时, 级数发散; 当 $a>1$ 时, 级数收敛; (13) 收敛; (14) 发散; (15) 收敛; (16) 收敛.

3. (1) 绝对收敛; (2) 条件收敛; (3) 发散; (4) 条件收敛; (5) 发散; (6) 条件收敛; (7) 条件收敛.

习　题　12.3

1. 提示: 先证明 $\sum\limits_{n=1}^{\infty} x^n$ 在 $(-1,1)$ 内逐点收敛于 $\dfrac{x}{1-x}$, 再证明一致收敛到 $\dfrac{x}{1-x}$.

2. 提示: 用 M 判别法.

3. 提示: 先证明级数在 $[1,+\infty)$ 上一致收敛.

习　题　12.4

1. (1) $R = \dfrac{1}{3}$，收敛区间为 $\left[-\dfrac{1}{3}, \dfrac{1}{3}\right]$；　(2) $R = \infty$，收敛区间为 $(-\infty, +\infty)$；　(3) $R = 0$；　(4) $R = 2$，收敛区间为 $[-1, 3)$；　(5) $R = \sqrt{2}$，收敛区间为 $(-\sqrt{2}, \sqrt{2})$；　(6) $R = 3$，收敛区间为 $(-3, 3)$；　(7) $R = \infty$，收敛区间为 $(-\infty, +\infty)$；　(8) $R = \max\{a, b\}$，收敛区间为 $(-R, R)$；　(9) $R = 8$，收敛区间为 $[-7, -3]$；　(10) $R = \dfrac{1}{3}$，收敛区间为 $\left[-\dfrac{4}{3}, -\dfrac{2}{3}\right]$；　(11) $R = \dfrac{\sqrt{2}}{2}$，收敛区间为 $\left(-\dfrac{\sqrt{2}}{2}, \dfrac{\sqrt{2}}{2}\right)$；　(12) $R = 1$，收敛区间为 $(-1, 1)$.

2. (1) $f(x) = \dfrac{1}{(1-x)^2}, |x| < 1$；　(2) $f(x) = 1 - x + \dfrac{1}{2}\ln\dfrac{1+x}{1-x}, |x| < 1$；

(3) $f(x) = \dfrac{x^2}{(1-x^2)^2}, |x| < 1$；　(4) $f(x) = e^{x^2} + 2x^2 e^{x^2} - 1, -\infty < x < +\infty$；

(5) $f(x) = \dfrac{2x}{(1-x)^3} - \dfrac{x}{(1-x)^2}, |x| < 1$.

3. 提示：利用 $\ln(1+x)$ 的展开式.

4. 提示：利用级数 $\displaystyle\sum_{n=1}^{\infty} \dfrac{(-1)^{n-1}}{n(2n-1)} x^{2n}$ 的和函数，$s = \dfrac{\pi}{2} - \ln 2$.

5. 提示：利用展开式 $e^x = \displaystyle\sum_{n=0}^{\infty} \dfrac{1}{n!} x^n$，$\displaystyle\sum_{n=1}^{\infty} \dfrac{n}{(n+1)!} = \left.\dfrac{x e^x - e^x + 1}{x^2}\right|_{x=1} = 1$.

6. 收敛区间为 $\left(-\dfrac{1}{\sqrt[6]{2}}, \dfrac{1}{\sqrt[6]{2}}\right)$，和函数 $s(x) = \dfrac{\sqrt{2} x^2}{(1 - \sqrt{2} x^3)^2}, |x| < 2^{-\frac{1}{6}}$.

7. (1) $\dfrac{e^x - e^{-x}}{2} = \dfrac{1}{2}\displaystyle\sum_{k=0}^{\infty} \dfrac{1}{(2k)!} x^{2k}, -\infty < x < +\infty$；

(2) $\cos^2 x = \dfrac{1}{2} + \dfrac{1}{2}\displaystyle\sum_{n=0}^{\infty} (-1)^n \dfrac{2^n}{(2n)!} x^{2n}, -\infty < x < +\infty$；

(3) $(1+x)\ln(1+x) = x + \displaystyle\sum_{n=2}^{\infty} \dfrac{(-1)^n}{n(n-1)} x^n, -1 < x \leqslant 1$；

(4) $\dfrac{1}{x} = \displaystyle\sum_{n=0}^{\infty} (-1)^n \dfrac{1}{3^{n+1}} (x-3)^n, 0 < x < 6$；

(5) $\dfrac{1}{2x^2 - 3x + 1} = \displaystyle\sum_{n=0}^{\infty} (2^{n+1} - 1) x^n, |x| < \dfrac{1}{2}$；

(6) $\dfrac{1}{x^2} = \displaystyle\sum_{n=1}^{\infty} n(-1)^{n+1} \dfrac{1}{3^{n+1}} (x-1)^{n-1}, |x-1| < 1$；

(7) $\dfrac{x}{\sqrt{1+x^2}} = x - \displaystyle\sum_{n=1}^{\infty} (-1)^n \dfrac{(2n-1)!!}{(2n)!!} x^{2n+1}, |x| < 1$.

习　题　12.5

1. (1) 2.71826;　　(2) 0.7468;　　(3) 0.7635.

2. $e^x \cos x = \sum_{n=0}^{\infty} \frac{2^{\frac{n}{2}} \cos \frac{n\pi}{4}}{n!} x^n \ (-\infty < x < +\infty).$

3. $y = xe^{x^2}.$

习　题　12.6

1. $f(x) \sim \sum_{n=1}^{\infty} (-1)^{n+1} \frac{1}{n} \sin nx = \begin{cases} f(x), & x \neq (2k-1)\pi, \\ 0, & x = (2k-1)\pi. \end{cases}$

2. (1) $\cos \frac{x}{2} = \frac{2}{\pi} + \frac{4}{\pi} \sum_{n=1}^{\infty} (-1)^{n+1} \frac{\cos nx}{4n^2 - 1}, -\pi \leqslant x \leqslant \pi;$

 (2) $f(x) = 4 \sum_{n=1}^{\infty} \frac{(-1)^n}{n} \sin nx, -\pi < x < \pi.$

3. $f(x) = -\frac{3}{4} + \frac{6}{\pi^2} \sum_{k=0}^{\infty} \frac{1}{(2k+1)^2} \cos \frac{2k+1}{3} x + \frac{9}{\pi} \sum_{n=1}^{\infty} (-1)^{n-1} \frac{1}{n} \sin \frac{n\pi}{3} x,$

$$x \neq 3(2n+1), \quad n = 0, \pm 1, \pm 2, \cdots.$$

4. 正弦级数: $f(x) = \frac{4l}{\pi^2} \sum_{n=1}^{\infty} \frac{1}{n^2} \sin \frac{n\pi}{2} \sin \frac{n\pi x}{l}, 0 \leqslant x \leqslant l;$

 余弦级数: $f(x) = \frac{l}{4} + \frac{2l}{\pi^2} \sum_{n=1}^{\infty} \frac{1}{n^2} \left[\cos \frac{n\pi}{2} - 1 - (-1)^n \right] \cos \frac{n\pi x}{l}, 0 \leqslant x \leqslant l.$

5. $f(x) = \frac{2}{\pi} \sum_{n=1}^{\infty} \frac{1}{n} \left[\frac{1}{n} \sin \frac{n\pi}{2} - (-1)^n \frac{\pi}{2} \right] \sin nx, x \neq (2n+1)\pi, n = 0, \pm 1, \pm 2, \cdots.$

6. 正弦级数: $f(x) = \sum_{n=1}^{\infty} b_n \sin nx, 0 < x < \frac{\pi}{2}, \frac{\pi}{2} < x < \pi;$

 余弦级数: $f(x) = \frac{3}{8}\pi + \sum_{n=1}^{\infty} \left(\frac{2}{n} \sin \frac{n\pi}{2} + \frac{2}{n^2\pi} \cos \frac{n\pi}{2} \right) \cos nx, 0 < x < \frac{\pi}{2}, \frac{\pi}{2} < x < \pi.$